U0187318

A COMPREHENSIVE GUIDE TO
LARGE LANGUAGE
MODELS

一本书读懂

大模型

技术创新、商业应用
与产业变革

中国电信天翼智库大模型研究团队◎著

机械工业出版社
CHINA MACHINE PRESS

图书在版编目（CIP）数据

一本书读懂大模型：技术创新、商业应用与产业变革 / 中国电信天翼智库大模型研究团队著 . —— 北京：机械工业出版社，2024. 8（2025.3 重印）. —— ISBN 978-7-111-76165-5

Ⅰ. TP18

中国国家版本馆 CIP 数据核字第 2024H4H464 号

机械工业出版社（北京市百万庄大街 22 号 邮政编码 100037）
策划编辑：杨福川　　　　　 责任编辑：杨福川　董惠芝
责任校对：龚思文　张　薇　　责任印制：单爱军
保定市中画美凯印刷有限公司印刷
2025 年 3 月第 1 版第 5 次印刷
147mm×210mm・9.25 印张・3 插页・189 千字
标准书号：ISBN 978-7-111-76165-5
定价：99.00 元

电话服务　　　　　　　　　　网络服务

客服电话：010-88361066　　机　工　官　网：www.cmpbook.com
　　　　　010-88379833　　机　工　官　博：weibo.com/cmp1952
　　　　　010-68326294　　金　书　网：www.golden-book.com
封底无防伪标均为盗版　　机工教育服务网：www.cmpedu.com

与智能化，提升生产效率。在劳动力方面，通过大模型技术创造出的 AI 智能体等智能化"劳动者"，及具有一定自主性的智能机器人已经成为生产中人类的得力助手。同时，大模型技术也潜藏着数据滥用、算法歧视、新型技术控制等风险，因此加快形成新质生产力亟须对其进行治理模式创新。

从人类发展角度来看，以大模型为代表的生成式人工智能将人类从重复性体力劳动中解放出来，推动人类劳动进入智力型阶段。人类劳动经历过从体力到技能再到智力的演变：农业时期，体力劳动占主导地位；工业革命时期，技能型劳动占主导地位，体力劳动逐渐被机械化取代；随着信息技术的发展，人工智能开始改变人类劳动的性质，大模型应用与人形机器人承担更多的生产任务，人类则专注于研发、创意和产品创新等智力型劳动。未来，人类的生产活动将迎来广阔的创造和发展空间，智力型劳动将占主导地位，开启全新的社会生产力时代。

数字信息基础设施在大模型发展中扮演着至关重要的角色。大模型的算力需求随着技术进步而显著增长。OpenAI 报告显示，AI 训练应用的算力需求每 3 到 4 个月就会翻倍，从 2012 年至今，AI 算力增长超过了 30 万倍。智算中心作为算力的集中体现发展尤为迅猛。截至 2023 年年底，我国在用数据中心机架总规模超过 810 万标准机架，算力总规模达到 230 EFLOPS，智能算力规模达到 70 EFLOPS，增速超过 70%。随着规模的扩大，大模型的训练和运行的能源消耗也相应增加，数据中心的绿色低碳发展大势所趋。此外，训练模型需要大量数据和计算资源，对

在大模型技术日新月异、行业趋势不断变化的背景下，中国电信天翼智库大模型研究团队长期跟踪大模型技术的最新进展，把握行业脉动并预测未来发展方向，展开了深入、系统的大模型技术产业趋势、影响和策略研究，取得了大量原创性成果。他们以这些成果为主体，完成了本书的写作。我相信本书的出版，有助于读者更加准确地把握大模型技术产业发展趋势和深远影响，更加深刻地理解如何将大模型技术作为推动产业创新的关键动力，更加主动地去适应大模型带来的重大变化，在波澜壮阔的智能化时代成就更好的自己！

邵广禄

2024 年 5 月于北京

新解决方案方面展现出巨大的潜力。

在技术和政策驱动下，大模型产业快速发展壮大。国家大力支持通用人工智能和大模型的发展，各地纷纷出台相关政策，加快大模型产业发展。大模型企业、云厂商、互联网企业、电信运营商纷纷布局大模型赛道，截至 2024 年 3 月 28 日，在国家互联网信息办公室备案的大模型达到 117 个。大模型产业体系更加完整健壮，面向 GPU、智算中心、数据集、基础大模型、大模型平台和大模型应用等主要环节的企业快速兴起，MaaS（模型即服务）模式成为主流，AI 产业规模快速扩大。

大模型带来的颠覆式影响才刚刚开始。大模型的颠覆式影响主要来自它对人类智力的替代甚至超越。一方面，它会给社会治理、产业发展和人类生活带来革命性的变化。目前，大模型已经在金融、传媒、教育、软件等知识密集度高的行业得到应用，能够大幅提高工作效率，降低成本。未来，随着 AI Agent 的发展和普及，以大模型作为大脑的智能机器人、智能汽车将在很多方面减少人类干预。另一方面，它会给我们带来很大的不确定性甚至恐慌，给隐私保护、知识产权保护、伦理等带来严峻挑战。

越来越多的人、企业和政府部门正在了解或应用大模型。在当前阶段，一本内容全面、观点客观、分析深入的大模型书籍对于推动人类认知、技术创新和产业升级具有极其重要的价值。笔者期望通过这本书，激发更广泛的讨论和思考，以促进大模型技术朝着更有益于人类社会的方向发展。正如斯图尔特·罗素在《人工智能：现代方法（第 4 版）》一书中所阐述的，AI 是一个覆盖广泛领

第 7 章聚焦于大模型的治理问题，探讨了风险管理、治理体系和发展趋势。

第 8 章对大模型时代的社会图景进行了展望，包括智能经济、社会治理、科技创新等方面。我们预见到 AI 将成为新质生产力的核心引擎，大幅提升社会治理能力，带来科研新范式，以及加快升级 AI 治理体系。

此外，虽然目前大模型技术及产业正迎来发展热潮，但未来仍然面临诸多问题，如对算力的巨大需求、数据隐私与安全性的严峻考验、模型输出的可靠性问题、技术可控性的难题，以及多模态能力的提升等。

本书旨在通过精心组织的内容，从技术、商业和产业层面为读者提供深入的分析框架和洞察视角，并提出切实可行的应对策略，以帮助读者全面理解大模型技术带来的挑战与机遇。在技术创新层面，从基础架构和算法原理出发，逐步深入到实际应用场景。在商业应用方面，通过行业案例分析和洞察，揭示大模型技术的商业潜力和对垂直行业的深远影响。在产业变革层面，探讨大模型技术如何推动产业转型、促进高质量发展，并预测其对未来社会、经济发展的影响。

本书特色

本书的亮点在于跨学科的视角，结合了技术、商业、产业、政策、治理多个方面，为读者提供了一个多维度的大模型技术全

勘误

在本书写作和出版过程中难免会有疏漏之处，读者可以通过电子邮件 cuilp@chinatelecom.cn 或公众号"天翼智库"进行反馈，笔者将及时更新勘误信息。

致谢

在本书写作过程中，得到了中国电信集团、中国电信研究院各级领导的关心与支持，许多同行、专家、学者以及出版社编辑也对本书的出版做出了贡献，在此，向他们表示最诚挚的感谢。

最后，期待得到广大读者的宝贵意见和建议，让我们一起深入学习与了解大模型技术，共同推动大模型技术的发展与应用，携手迎接美好的智能社会的到来。

| 第 2 章 | 大模型技术：让人工智能走进现实

| 第6章 | 大模型产业：全新的产业体系和商业化之旅

展成为具有硅基生命特征的全新实体。在这段旅程中，让我们共同揭开智慧的神秘面纱，洞悉 AI 的无限潜能与未来方向。

1.1　智慧的本质：创造

1.1.1　人类早期智慧源自模仿

在人类早期历史中，智慧源于对自然界的深度观察和模仿。这一时期没有确切的历史记录。但据考古学家推测，大约在 250 万年前，古人类已经开始使用最原始的石器。例如，在东非地区发现的奥杜威遗址中，出土的石器展示了早期人类如何模仿自然，并开始学习利用自然资源。这种模仿虽然简单，但标志着智慧之旅的起点，展现了人类理解并应用自然规律的初步尝试。

在石器时代，人类创造的曙光开始逐渐显现。新石器时代的到来标志着人类从简单模仿向创造性发展的重要转变。大约在公元前 1 万年，随着末次冰期的结束，人类开始定居并形成了初步的社会结构和农业活动。在这个时期，人类不仅制作更精细的石器，还开始制作陶器。例如，在中国的仰韶文化中，彩陶不仅体现了技术上的进步，还是艺术与审美发展的见证。这些创造性活动展现了人类智慧的本质：不满足于现状，而是不断探索和创新。

青铜时代与铁器时代标志着人类技术与思维的飞跃。青铜时代始于公元前 3000 年左右，这一时期人类首次使用金属制作工具和武器。这一重大创新显著提升了工具的效能和持久性。青铜的使用最初在中东地区普及，例如，古巴比伦的铭文和工艺品展示了青铜技术的高度发展。紧随其后的铁器时代始于公元前 1200 年左右，铁器的出现让工具和武器更加坚固。在这一时期，人类不仅仅模仿自然，更是创造了超越自然的工具和武器，成为智慧旅程中的一座重要里程碑。

在工业革命时代，人类对创新和改进的追求达到了一个新高度。在这一时期，英国成为技术革新的中心，涌现出了约翰·凯的飞梭、詹姆斯·哈格里夫斯的珍妮机，以及理查德·阿克赖特的水力纺纱机等一系列革命性发明。这些发明不仅代表了技术上的巨大飞跃，更是人类对更高效、更便捷生产方式的深切渴望和不懈探索的具体体现。创新和改进的持续追求成为推动社会进步的核心动力，不仅引领了工业生产的新纪元，也为后续的技术进步和产业转型奠定了坚实的基础，展现了人类适应和引领变化的能力。

在科技时代，人类迎来了智慧与创造的新篇章。21世纪的科技发展展示了人类智慧之旅的新高峰。例如，人类基因组计划在2003年完成，这象征着生物科学领域的一次重大突破，并为未来的医学研究和治疗开辟了新的路径。同时，人工智能也取得了显著成就，例如谷歌的AlphaGo于2016年击败世界围棋冠军，标志着机器学习和人工智能技术进入一个新的里程碑。在能源领域，太阳能和风能等可再生能源技术的大规模应用，不仅解决了现有的能源危机，也为未来的可持续发展铺平了道路。这些科技进步充分展示了人类智慧的本质——创造力。

如图1-1所示，回顾人类从古至今的智慧之旅，我们可以清晰地看到历史的每一个阶段。从初期的模仿自然，到创造适应环境的工具，再到今天对信息和技术的深入探索，每一阶段的创新和发展都体现了对环境和条件的深刻理解与转化。这一历程不仅验证了"人类智慧从模仿到创造"的观点，也展示了智慧通过不断探索和超越，推动人类文明进步的过程。智慧的本质在于不断探索未知，超越已知，并创造新的可能性。

模仿自然
自然模仿与生存技能的初步形成
数十万年前的智人石器工具

改造环境
社会结构的形成与智慧的深化
1812年，第一台应用生产的织布机——罗伯特动力织布机

创新超越
超越未知实现智慧的飞跃
2016年，AlphaGo人机大战首战告捷，柯洁以1/4子惜败

图1-1　人类智慧之旅

在深入探讨智慧的本质时，我们必须认识到，智慧既是基于神经器官的一种高级综合能力，也是一种融合认知、反省和情感的人格特质。这种双重性质使智慧成为人类最为独特和复杂的特征之一。

通过深入探讨智慧的本质，我们可以更好地理解人类如何通过创新和探索来推动文明的进步。正如人类智慧发展历程所示，从模仿自然到创造新技术，每一步都是对世界的深刻理解和适应的结果。现在，我们面临新的挑战：如何将智慧的精髓融入机器中，使其能够更高效、更智能地思考和解决问题？

1.2 AI 的 4 个发展阶段

如果将 AI 技术的发展与智能化水平进行映射，我们可以将其划分为 4 个发展阶段。AI 1.0 阶段对应于 20 世纪 70 年代的计

（AGI）的到来，标志着自主智能阶段即将到来。在这一阶段，AI将能够在没有人类干预的情况下，自主地进行决策、学习和适应环境变化，具备自我驱动和自我进化的能力，实现自主智能。

目前，AI已进入以大模型为标志的3.0阶段，经历了第三次技术升级，迈入了"认知智能"新阶段。据此展望未来，随着"认知智能"的深入发展，AI即将迎来第四次革命性的技术升级——自主智能，详情如图1-2所示。

- 计算智能：涉及机器的超强存储能力和超快计算能力。机器基于海量数据进行深度学习，以历史经验指导当前环境进行决策与行动。例如，AlphaGo采用增强学习技术战胜世界围棋冠军，电商平台根据用户购买习惯进行个性化商品推荐。

- 感知智能：涉及机器视觉、听觉、触觉等感知能力。机器可以将非结构化数据结构化，并以人类的沟通方式与用户互动，例如，无人驾驶汽车和著名的波士顿动力机器人就实现了感知智能，通过各种传感器感知周围环境，并据此处理信息，有效指导行动。

- 认知智能：指机器具有人类的理解能力、归纳能力和推理能力，能够运用知识。在理解、推荐、预测、交互等认知需求中，机器通过多模态学习从各种数据中提取信息，增强理解能力。机器通过知识融合、知识表示与推理、认知规划和决策，实现复杂认知任务处理，并找到问题的最优解。情感计算、生成式AI等核心技术也在提升机器对多维数据的理解能力。

感知智能	认知智能	自主智能
阶段性标志 2016年：Boston Dynamics推出Atlas机器人 2017年：苹果推出Face ID认证 2018年：Waymo获得自动驾驶测试许可	**阶段性标志** 2018年：Stability AI开发Stable Diffusion 2022年：OpenAI公司推出ChatGPT 2023年：OpenAI推出GPT-4	**阶段性标志** 2023年：OpenAI启动Q-star计划
关键特点 处理视觉、听觉和其他感官信息 应用于模式识别和数据分类	**关键特点** 模仿人类认知过程，如学习、推理 理解复杂的语言结构和抽象概念	**关键特点** 自我决策，自我学习和进化高度自适应，处理动态环境变化
近期能力成熟 高级图像识别 精准语音识别 复杂环境交互	**近期能力成熟** 高级自然语言理解 模式识别和关系识别 生成式AI内容输出	**近期能力成熟** 自动化任务处理 自我调整算法 自动化决策
未来能力成熟 全感官交互系统 深度环境理解 高级跨模态识别	**未来能力成熟** 自动化生成式AI创作 复杂情境推理和决策 深度情感和社会智能	**未来能力成熟** 自我进化算法 完全自主操作系统 无人干预下适应复杂环境

图 1-2　AI 发展阶段

- 自主智能：被视为"更高级别的超级人工智能"，能自我学习、自我适应并独立完成任务。实现自主智能需要 AI 系统具有较高的自我优化和自我学习能力，甚至可以在无人干预的情况下自我改进。目前，自主智能还处于研究和探索阶段，尚未在实际中应用。

从目前的发展阶段来看，随着 AI 技术的发展、认知智能产业格局的演变以及市场需求的变化，智能预测、辅助决策和智能推荐等认知应用在医疗、金融、制造和教育等行业得到了更深入的应用。认知智能在各行业中的广泛应用，已成为行业智能化转型升级的重要引擎和动力。

从未来 10 年看，认知智能并非 AI 应用的最终阶段。AI 将从以下 3 个方面向更具"意识"的方向发展，逐步演化为自主智能。

- 多模态大模型将发挥出更加强大的认知能力，深入整合行业应用。
- 可解释的认知智能将增强技术的可信赖度。
- 类脑智能将推动认知智能向意识智能方向发展。

自主智能的发展路径开始于学习单一任务，逐渐实现举一反三，最终达到与环境进行动态交互的主动学习，实现自我进化。当前，我们可以通过迁移学习、元学习和自主学习等技术寻找实现自主智能的可行路径。目前，仅依靠计算或统计模型尚难以在极其复杂的场景中实现完全的智能。

自主智能展示了向更复杂和更先进的智能系统的发展，我们自然也会猜想它可能以何种方式实现。2023年11月，据业内人士透露，OpenAI正在训练名为"Q*"（读作"Q-star"）的下一代人工智能。据称，这可能是第一次采用"从零开始"的方式进行训练的AI，它能够修改自身代码，以完成更复杂的学习任务。虽然Q*目前仅能解决小学级别的数学问题，但考虑到虚拟环境中AI的迭代速度，有可能在不远的将来发展出在各个领域均超过人类水平的智能。

OpenAI预测，能在各方面超越人类水平的超级人工智能可能在10年内出现。一旦实现，这种超级人工智能将被用于解决多种复杂的科学问题，例如寻找外星人和地球外宜居星系、人工核聚变控制、纳米或超导材料筛选、抗癌药物的研发等。这些问题通常需要人类研究员花费数十年时间寻找新的解决方案，而某些前沿领域的研究量已经超过人力极限。在虚拟世界中，超级人工智能拥有几乎无限的时间和精力，在部分容易虚拟化的任务中这可能使其成为人类研究员的替代者。然而，如何监督这些在智能水平上超越人类的AI，确保它们不会危害人类，将是一个值得深思的问题。

一关键问题。

论文中，图灵详细介绍了一种称为"模仿游戏"（Imitation Game）的测试方法，即后来我们熟知的"图灵测试"。根据《艾伦·图灵传》的介绍，图灵设想了这样一个游戏：在一个房间里有一男一女，房间外的人向里面的人提问，两人只能通过书面形式回答。随后，房间外的人需要猜测哪位回答者是女性。在这个测试中，男性可以尝试欺骗猜测者，让对方认为自己是女性，而女性则需努力让猜测者相信自己是女性。将这一男一女换成人与计算机，如果猜测者无法仅凭回答判断出哪个是人哪个是计算机，则可认为计算机具有人类智能。

1952 年，图灵在一场 BBC 广播中提出了一个新的、更具体的思想：让计算机来冒充人。如果能够让不足 70% 的人判断正确，即超过 30% 的人误认为与自己对话的是人而非计算机，那么可以认为计算机具有人类智慧。

4 年后，在美国汉诺斯小镇宁静的达特茅斯学院，约翰·麦卡锡、马文·闵斯基、克劳德·香农等学者聚首一堂，共同探讨机器模拟智能的一系列问题。他们讨论了很久，虽未达成一致意见，但给讨论的内容命名为"人工智能"。从此，"人工智能"（Artificial Intelligence，AI）这一术语开始进入公众视野。人工智能的元年被定为 1956 年。

20 世纪 50 年代，AI 技术的初步尝试确实遇到了瓶颈，主要表现在缺乏灵活性和泛化能力上。这一时期的 AI 系统，例如约翰·麦卡锡于 1956 年开发的逻辑理论家（LT）程序，标志着 AI

领域的早期探索。这些系统被设计成能在特定任务或问题解决场景中发挥作用，被赋予了特定的规则。以 LT 程序为例，它旨在证明数学定理，能模拟数学家的推理过程，解决一些数学问题。

然而，这些早期的 AI 系统存在一个根本性限制：它们完全依赖于预设的规则。这意味着，如果面对的问题或环境不在预设规则范围内，这些系统就会显得无能为力。它们缺乏自适应能力，无法处理未知情况或解决新颖的问题。该问题在当时的 AI 研究中非常普遍，导致 AI 技术的应用范围极为有限。一个典型的例子是，早期 AI 系统在下棋等特定领域取得了突出成就，这是因为下棋是一个规则明确且环境封闭的场景，AI 系统能通过预设的策略和计算来预测并反击对手的动作。然而，当这些系统应用于更复杂、动态和不确定的现实世界问题时，它们的表现就大不相同。现实世界的不确定性和复杂性要求 AI 系统具备更高级的理解、学习和适应能力。

这个时期的 AI 研究揭示了一个重要认识：仅依赖预设规则的 AI 系统，其应用范围和效能将受到严重限制。这种认识促使研究者开始探索新的方法和技术，随后机器学习技术的兴起开始突破这些规则的局限。

间的距离进行分类或回归。其最简单的描述形式为，一个新的数据点类别会被分配为距离最近的那个训练数据点的类别。这个算法在概念上非常简单，但开启了一种全新的思维方式——利用数据本身，而不仅仅是人为设定的规则进行决策和预测。

"斯坦福推车"项目又被称为"斯坦福卡车"项目，是1979年由斯坦福大学的研究人员开发的。该项目旨在创建一个能够自主导航和避开障碍物的机器人推车。作为早期自动驾驶汽车研究的先驱之一，斯坦福推车通过感知环境来避开障碍物，展示了机器在现实世界中的自主移动能力。该项目的技术创新在于，它结合了传感器、计算机视觉和控制系统，使机器人能够在不需要人类直接控制的情况下进行空间导航。

这两个事件标志着AI领域从依赖严格预设的规则向更灵活、自适应且以数据为中心的方法的转变。这种转变极大地扩展了AI的应用范围，为以后的发展奠定了基础。

1.3.2 数据驱动：深度学习的崛起

进入21世纪，特别是2006年杰弗里·辛顿提出深度学习概念之后，AI技术进入了一个新时代。深度学习的主要特性是通过多层非线性处理单元进行特征的提取和转换，其中每一层将前一层的输出转化为更高级的抽象概念。这种分层的学习方式使深度学习在声音识别、自然语言处理、图像和视频识别等复杂问题上展现出卓越的性能。

2012年，亚历克斯·克里兹希夫斯基在ImageNet挑战赛中取得的突破性成就，证明了深度学习在图像识别领域的强大能力。这一成就不仅是技术上的飞跃，更标志着 AI 技术从规则驱动向数据驱动转变的重大进展。同时，深度学习算法能够通过端到端的学习方式直接从原始数据中自动学习特征表示，而不需要人工设置特征，极大地提升了学习算法的通用性和应用范围。

深度学习使得 AI 系统能够处理和学习大量数据，弥补了早期 AI 系统在复杂任务处理上的不足。这种从大数据中学习的能力，标志着 AI 系统进入了一个数据驱动的时代，AI 应用也开始逐步广泛。在这一时期，AI 的应用非常广泛且深入，覆盖了从自动驾驶汽车到医疗诊断，从语言翻译到个性化推荐系统的多个领域。此时的 AI 系统不再依赖于硬编码的规则，而是通过分析和学习海量数据来不断进化和改进，体现了从规则驱动向数据驱动的核心转变。

数据驱动的 AI 系统代表了 AI 技术从固定规则到自主学习和自适应的重大跃迁。这种转变意味着 AI 系统能够自动分析和学习大量数据，从中发掘模式和规律，进而进行预测和决策。这一转变不仅使 AI 能够处理更为复杂和动态的任务，而且扩大了 AI 应用范围，使其能够在变化多端的现实世界中更好地发挥作用。

数据驱动 AI 的兴起与计算能力的显著增强密切相关。21 世纪初的技术革命，比如芯片技术、计算技术的发展，使得处理和存储海量数据成为可能，互联网的广泛应用、社交媒体的兴起、物联网连接了前所未有的数据流。这些数据在网络上呈爆炸多样性和复杂性上也极为丰富，为 AI 的学习和发展提供了良好的土壤。

深度学习技术，特别是卷积神经网络（CNN）和循环神经网络（RNN），为数据驱动 AI 带来了革命性的进展。CNN 在图像处理（如图像识别、面部识别等）领域取得了显著成就；RNN 则在处理时序数据方面展现出强大能力，特别是在语音识别和自然语言处理领域。这些技术的成功应用不仅展示了深度学习处理复杂问题的强大能力，也推动了 AI 在模式识别、预测分析等方面的突破。

数据驱动 AI 的崛起是 AI 发展历史上的一个重要里程碑。它不仅象征着技术的进步，更标志着 AI 从机械式执行向真正的智能学习和自适应的转变。这种转变为 AI 的未来应用和发展开辟了新的可能性，预示着 AI 将在更广泛的领域发挥更为重要的作用。

1.4 AI 2.0：决策式 AI 和生成式 AI

1.4.1 决策式 AI：从数据洞察到行动决策

随着深度学习技术的不断发展，数据驱动 AI 发展的路径不断延续。从 2006 年左右开始，在第三波 AI 浪潮中，两条研究主线特别明显：决策式 AI 和生成式 AI。

决策式 AI 因其在数据分析和决策制定方面的能力而独树一帜。这种 AI 专注于从数据中学习模式，并利用这些模式对新场景进行判断、分析和预测。

决策式 AI 的基本原理是利用机器学习算法，尤其是监督学习，来训练模型以识别数据中的模式。监督学习通过分析带有标签的训练数据集来学习数据特征与输出之间的关系。这些标签可能是分类标签（如"垃圾邮件"或"非垃圾邮件"），也可能是连续值（如房屋价格）。通过该学习过程，决策式 AI 能够建立一个模型，该模型能够对新数据做出准确的预测或对新问题做出决策。它的关键技术如下。

- 机器学习算法：决策式 AI 依赖机器学习算法来从数据中学习模式并进行预测。这些算法包括监督学习、无监督学习、半监督学习和强化学习等。
- 数据分析和处理：决策式 AI 通过获取和处理大量数据，挖掘其中的规律和趋势，为决策者提供支持。这通常涉及数据清洗、特征提取和数据建模等步骤。
- 预测模型：决策式 AI 通过构建预测模型进行未来趋势的预测。这些模型可以是基于统计的，也可以是基于机器学习的。
- 优化算法：在某些应用中，决策式 AI 需要使用优化算法来找出最优决策方案。这些算法包括线性规划、整数规划、动态规划等。
- 可解释性：决策式 AI 的决策过程需要可解释，以便决策者理解 AI 系统的决策逻辑，增强对 AI 决策的信任。

决策式 AI 发展相对成熟，已经在众多行业中广泛渗透，并已有相对成熟的应用场景与显著的应用成效。

1. 金融服务的深化应用

金融服务行业是决策式 AI 应用的先行者之一。除了传统的信用评分和欺诈检测外，决策式 AI 目前也被用于复杂金融产品的定价、投资组合的优化以及市场趋势的预测中。例如，通过分析宏观经济数据、市场动态及公司财务报告，决策式 AI 能帮助投资者发现潜在的投资机会并评估风险。此外，决策式 AI 还能帮助银行和金融机构自动化合规流程，确保业务操作符合日益严格的监管要求。这样不仅降低了违规风险，还提升了运营效率。

2. 医疗健康的创新应用

在医疗健康领域，决策式 AI 的应用越来越深入和广泛。它不仅可以帮助医生进行疾病诊断，还能在临床试验中选择合适的患者、预测患者对药物的反应，以及制定个性化的治疗方案。例如，决策式 AI 能通过分析患者的遗传信息和生理数据，协助医生为患者制定治疗方案，不仅提高了治疗效果，也减少了副作用。此外，决策式 AI 在流行病学研究中也具有重要作用。它通过分析大规模数据集，预测疾病的爆发和传播趋势，从而为公共卫生决策提供科学支持。

3. 个性化推荐的进一步发展

个性化推荐系统是决策式 AI 的另一个重要应用领域。随着 AI 技术的进步，个性化推荐系统正变得更加智能与精准。如今的推荐系统不仅能根据用户的历史行为进行推荐，还能理解用户的情感和意图，进而提供更符合用户需求的内容。例如，一些在线平台利用决策式 AI 分析用户在社交媒体上的行为，以更好地把握用户的兴趣和情感状态，从而实现更加个性化的推荐。

4. 智能交通的系统化应用

智能交通系统正在成为城市基础设施的重要部分。决策型 AI 在此领域的应用广泛，不仅应用于交通流量预测和路线规划，还应用于智能信号控制、车辆调度优化以及自动驾驶。通过实时分析交通数据和环境信息，决策型 AI 帮助城市管理部门优化交通资源配置，减少交通拥堵，并提高道路安全性。例如，自动驾驶车辆中的决策型 AI 系统能实时处理来自传感器和摄像头的数据，做出安全驾驶的决策，为未来的交通出行提供新的解决方案。

然而，随着决策式 AI 在多个领域的广泛应用，数据隐私和安全问题愈发突出。为保护用户数据，决策式 AI 的研究者和开发者正在探索各种数据加密和匿名化技术，确保在不泄露个人隐私的前提下进行数据分析。此外，监管机构也在制定更加严格的数据保护法规，以规范决策式 AI 的应用。决策式 AI 模型的可解释性对于建立用户信任和促进模型的广泛应用极为重要。研究者正在开发新的算法和工具，提高模型的透明度和可解释性。例如，一些研究团队正在研究通过可视化技术展示深度学习模型的决策过程，使得非专业人士也能理解 AI 的决策逻辑。最后，算法偏见是决策式 AI 面临的一个重要挑战。为了消除偏见，研究者正在开发新的算法，确保训练数据的多样性和代表性。同时，一些组织正在制定公平性和偏见审计的标准，以评估和监督 AI

系统的决策过程。

　　总的来说，决策式 AI 作为一种强大的数据分析和决策支持工具，正在推动各行各业的创新和发展。随着技术的不断进步，决策式 AI 将在未来处理更多的复杂问题。但与此同时，与决策式 AI 截然不同但相辅相成的技术路径——生成式 AI，也在另一个维度逐渐发挥作用。

1.4.2　生成式 AI：从模仿游戏到价值创造

　　生成式 AI 的核心目标是生成与训练数据相似的新数据。此技术通过学习数据的分布来模拟创造过程，从而产生全新的内容。这种技术路径在艺术创作、文本生成、音乐制作等多个领域展现出巨大潜力。例如，生成式 AI 能够在学习大量文本数据后，创作出具有连贯性和逻辑性的故事，甚至能模仿特定作者的风格写小说。

　　从技术角度来看，决策式 AI 的主要工作是对已有数据进行打标签，区分不同类别的数据。最简单的例子为区分猫和狗、草莓和苹果等，其主要任务是"判断是不是"和"区分是什么"。而生成式 AI 则是在归纳和分析已有数据的基础上，创作出新的内容。例如，观察了许多汽车的图片后，生成式 AI 能够创作出新的汽车图片，达到"举一反三"的效果。生成式 AI 的关键技术如下。

- 深度学习算法：深度学习算法是生成式 AI 的核心，它通过构建复杂的神经网络结构来学习数据的内在特征和模式。深度学习算法能够处理和生成文本、图像、音频等多种类型的数据。

- 生成对抗网络（GAN）：GAN 由两部分组成——生成器和判别器。生成器负责创作新的内容，判别器则尝试区分生成的内容与真实内容。通过这种对抗过程，生成器能够产生越来越逼真的数据。

- 变分自编码器（VAE）：VAE 是一种生成模型，它先将输入数据编码到一个潜在空间，然后从这个空间解码来生成新数据。VAE 在生成连贯性和控制生成过程方面表现出色。

- 预训练语言模型：预训练语言模型［如 GPT（Generative Pre-trained Transformer）系列］通过在大规模文本数据集上进行预训练，学习语言的统计规律和语义信息。该模型能够生成高质量的文本，在对话系统、机器翻译等领域得到广泛应用。

- 上下文学习：上下文学习是 ChatGPT 等大型语言模型的关键技术之一。它允许模型根据给定的上下文信息进行学习和预测，从而提高模型的适应性和推理能力。

- 基于人类反馈的强化学习：基于人类反馈的强化学习结合了强化学习和人类专家的知识，通过与人类进行交互和反馈来训练智能代理。这种技术在提升生成式 AI 模型在复杂任务中的性能和效果方面发挥了重要作用。

- 合成数据生成：生成式 AI 可以通过算法生成合成数据，以训练其他 AI 模型或进行数据分析。

　　从成熟程度来看，决策式 AI 的应用更为成熟，已在互联网、零售、金融、制造等行业中广泛应用，极大地提升了企业员工的工作效率。而生成式 AI 尽管发展时间较短，但自 2014 年以来发展迅猛，堪称指数级增长，已在文本和图片生成等应用中得到实际落地。

　　在具体应用方面，决策式 AI 在人脸识别、推荐系统、风控系统、机器人、自动驾驶等领域已有成熟的应用案例。例如，在人脸识别领域，决策式 AI 通过提取实时获得的人脸图像的特征信息，并与人脸库中的特征数据匹配，实现人脸识别。与之相对，生成式 AI 在内容创作、人机交互、产品设计等领域展示出巨大潜力。例如，仅需输入一段小说情节的简单描述，生成式 AI 即可帮助我们生成一篇完整的小说。

　　尽管生成式 AI 在创意领域展示出巨大潜力，但仍存在一些挑战。例如，生成内容的真实性和可靠性还需进一步验证，尤其是在精确性要求高的领域。此外，生成式 AI 的可解释性也是一个关键议题。用户和开发者需要理解 AI 的生成逻辑。一般而言，不同类型的模型基于同一种逻辑。本质上，AI 模型是一个函数。这个函数是通过训练获得的，而非单纯通过逻辑推导得到。我们通过输入已有数据，使机器学会寻找最符合数据规律的函数。因此，当存在需预测或生成的新数据时，机器便能利用此函数来预测或生成相应的结果。为了提升生成式 AI 的可解释性并揭示模型预测背后的原理，我们需要通过持续的技术创新和算法优化，增强对模型工作原理的理解。

　　从 AI 的未来发展来看，大模型技术在生成式 AI 的演进中将发挥至关重要的作用。大模型凭借庞大的参数规模和复杂的网络结构，正成为推动生成式 AI 技术进步的核心力量。在技术层面上，大模型运用深度学习框架（例如 Transformer 架构）学习并理解数据中的复杂关系和层次结构，这种能力使得生成式 AI 不仅能复制现实世界中的模式，还能创造出具有内在逻辑和连贯性的全新结构。例如，在自然语言处理中，大模型可生成流畅、有说服力的文本；在计算机视觉中，大模型能创造出细节丰富、视觉上令人信服的图像。

此外，大模型技术的另一个优势在于从大规模数据集中进行学习。这让生成式 AI 能更好地理解和模拟现实世界的多样性与复杂性，从而直接提升生成内容的质量。无论在文本、图像、音频还是视频内容创作上，大模型都能达到前所未有的真实感和创造性。随着算法的不断优化及硬件技术的进步，大模型将持续推动生成式 AI 的发展，并在艺术创作、媒体制作、教育及娱乐等多个领域发挥更大的作用。

1.5　AI 3.0：大模型引领的认知智能崛起

1.5.1　大模型：人类经验与充足算力

2019 年 3 月，强化学习之父 Richard Sutton 发表了一篇名为"The Bitter Lesson"（苦涩的教训）的博客。他在博客中提到：短期内，要使 AI 能力有所进步，研究者应寻求在模型中利用人类先验知识；但从长远来看，AI 发展的关键在于充分利用算力资源。

该文章一经发布就受到不少 AI 研究者的反对，他们认为这是对自己工作的否定，并极力辩护。然而，如果我们将时间线拉长来回顾，就会发现 Sutton 的话不无道理。

机器学习模型从其参数的量级上可以分为两类：一类是统计学习模型，例如 SVM（支持向量机）、决策树等，这些模型在数学理论上完备，算力资源的运用相对克制；另一类是深度学习模型，以多层神经网络的深度堆叠为结构，旨在通过高维度暴力逼近似然解来达到目的，这些模型在理论上不够成熟，但能有效地利用算力资源进行并行计算。

神经网络模型虽在 20 世纪 90 年代就已出现，但直至 2010 年前，统计学习模型仍是主流。随后，得益于 GPU 算力的快速发展，基于神经网络的深度学习模型逐渐成为研究和应用的主流。

深度学习充分利用了 GPU 在并行计算上的优势，基于庞大的数据集和复杂的参数结构，一次又一次地达到了令人惊讶的效果。大模型指的是参数量达到一定量级的深度学习模型，通常只有大型科技公司有能力部署。

2021 年 8 月，李飞飞与 100 多位学者共同发表了一份长达 200 多页的研究报告 "On the Opportunities and Risk of Foundation Models"。该报告综述了当前大规模预训练模型面临的机遇及挑战。

在该报告中，AI 专家将这类大模型统称为 Foundation Models，翻译为"基础模型"或"基石模型"。报告肯定了基础模型对智能体基本认知能力的推动作用，并指出了大模型表现出的"涌现"与"同质化"两大特性。所谓的"涌现"，是指一个系统的行为受隐性因素驱动，而非显式构建。"同质化"意味着基础模型的能力是智能的中心和核心，任何对大模型的改进都会迅速影响整个研究、开发和应用领域，但同时其缺陷也会被所有下游模型继承。

从国内来看，对大模型的定义存在诸多不同意见。人民大学高瓴 AI 研究院发布的"A survey of LLM"提到，大语言模型通常指的是在大规模文本语料上训练、包含百亿级别（或更多）参数的语言模型，如 GPT-3、PaLM、LLaMA 等。目前，大语言模型采用与小模型类似的 Transformer 架构和预训练目标（如 Language Modeling），两者的主要区别在于增加了模型大小、训练数据和计算资源。大语言模型通常遵循扩展法则，部分能力如上下文学习、指令遵循、逐步推理等只有在模型规模增加到一定程度时才会显现，这些能力被称为"涌现能力"。IDC 在《2022中国大模型发展白皮书》中定义 AI 大模型为基于海量多源数据构建的预训练模型，这是对原有算法模型的技术升级和产品迭代。用户可以通过开源或开放 API/ 工具进行模型的零样本 / 小样本数据学习，实现更优的识别、理解、决策、生成效果以及更低的开发部署成本。华为在《人工智能行业：预训练大模型白皮书》中指出，预训练大模型是深度学习时代的集大成者，分为上游（模型预训练）和下游（模型微调）两个阶段。上游阶段主要是收集大量数据并训练超大规模神经网络，以高效存储和理解这些数据；下游阶段则是利用相对较少的数据和计算资源对模型进行微调，以达到特定的目的。

综合各方意见，大模型在人工智能领域，尤其是深度学习中指的是具有大量参数的神经网络模型，通常包含数百万到数百亿甚至数千亿的参数。这些模型因庞大的规模和复杂的结构，能够捕捉和学习数据中的细微模式，在多种任务上实现卓越性能。它们主要应用于自然语言理解和内容生成等领域。广义上，大模型还包括机器视觉（CV）大模型、多模态大模型和科学计算大模型等。

1.5.2 大模型的演变与谱系

大模型的发展主要经历了 3 个阶段，分别是萌芽期、探索沉淀期和迅猛发展期，如图 1-3 所示。

1. 萌芽期（1950—2005 年）：以 CNN 为代表的传统神经网络模型阶段

1956 年，计算机专家约翰·麦卡锡首次提出“人工智能”这一概念，标志着 AI 模型发展的开始。最初这些模型基于小规模的专家知识，随后逐步演化为基于机器学习的方法。到了 1980 年，卷积神经网络的雏形诞生，开启了传统 CNN、RNN 等神经网络模型时代。1998 年，现代卷积神经网络的一个重要里程碑——基本结构 LeNet-5 出现，使得机器学习方法从早期的基于浅层学习转变为基于深度学习。这为自然语言生成、计算机视觉等领域的深入研究奠定了坚实的基础。

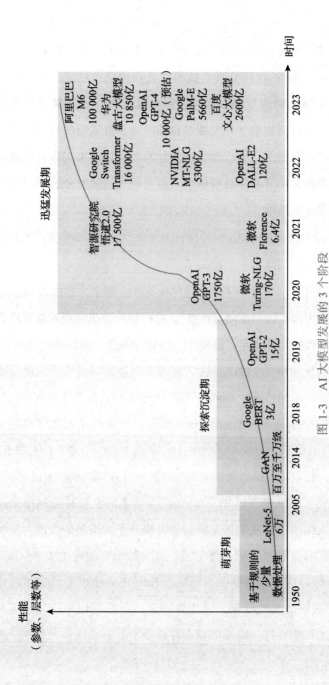

图 1-3　AI 大模型发展的 3 个阶段

在这一转变阶段，研究者集中在 AI 理论探索和基础算法的开发上。早期的 AI 研究者尝试模拟人脑的信息处理方式，孕育了神经网络的初步形态。尽管受到计算能力和数据量的严重限制，但研究者仍致力于开发能够自动学习和自适应的模型。在技术和资源的限制下，大规模模型的开发和应用尚未实现。虽然这一时期的模型通常简单且规模小，但它们为后续复杂模型的开发奠定了重要的基础。

2. 探索沉淀期（2006—2019 年）：以 Transformer 为代表的全新神经网络模型阶段

2013 年，自然语言处理模型 Word2Vec 诞生，首次提出了将单词转换为向量的"词向量模型"，这使得计算机能更好地理解和处理文本数据。2014 年，被誉为"21 世纪最强大的算法模型之一"的生成对抗网络（GAN）诞生，标志着深度学习进入生成模型研究的新阶段。2017 年，Google 颠覆性地提出了基于自注意力机制的神经网络结构——Transformer 架构，为预训练大模型奠定了基础。2018 年，OpenAI 和 Google 分别发布了 GPT-1 与 BERT 大模型，标志着预训练大模型成为自然语言处理领域的主流。

在这一探索期，以 Transformer 为代表的全新神经网络架构奠定了大模型的算法架构基础，显著提升了大模型的性能。模型从浅层学习逐渐过渡到深度学习，在自然语言处理（NLP）和计算机视觉（CV）等领域尤为明显。Transformer 模型的提出改变了 NLP 领域的游戏规则，并为处理复杂语言结构和语义理解提供了新的可能。这一时期的模型在规模上有显著增长，并在结构与功能上变得更加复杂和强大。然而，模型的复杂度和对数据的依赖也带来了新的挑战，如高昂的训练成本、对算力的巨大需求以及数据质量和偏见问题。

3. 迅猛发展期（2020 年至今）：以 GPT 为代表的预训练大模型阶段

2020 年，OpenAI 公司推出了 GPT-3。该模型的参数规模达到了 1750 亿，成为当时全球最大的语言模型。它在零样本学习任务上实现了显著的性能提升，展现出小模型所不具备的语境学习能力。随后，更多的策略开始被采用，包括基于人类反馈的强化学习（RLHF）、代码预训练、指令微调，这些都旨在进一步提高模型的推理、长距离建模和任务泛化能力。2022 年 11 月，GPT-3.5 版本的 ChatGPT 问世，其凭借逼真的自然语言交互和多场景内容生成能力，迅速在互联网上引起轰动。2023 年 3 月，OpenAI 发布了最新的超大规模多模态预训练大模型 GPT-4，模型参数从千亿级增长到万亿级，并展示了多模态理解与生成多种内容的能力。在这一迅猛发展的时期中，大数据、大算力和大算法的完美结合，极大地提升了大模型的预训练、生成能力以及多模态多场景的应用能力。例如，ChatGPT 的巨大成功就得益于微软 Azure 的强大算力、维基百科等海量数据的支持，以及基于 Transformer 架构，坚持使用 GPT 模型和基于人类反馈的强化学习（RLHF）进行精细调整的策略。

在这一时期，基于更大的数据集、更强的计算能力、算法创新这三大关键要素，GPT-4 等大模型使 AI 能力实现了巨大飞跃。这些模型不仅在规模上达到了前所未有的水平，而且展示出了令人震惊的语言理解和生成能力。它们能够处理复杂的推理任务，甚至在特定领域能与人类专家相媲美，并具有理解和生成图像、音频、视频的多模态能力。然而，大模型的训练和部署代价巨大，需要大量的数据和计算资源，还引发了关于数据隐私、模型偏见及算法透明度等问题的讨论。此外，这些模型的复杂度和庞大规模也使得它们的维护和更新更加困难，这对研究人员和开发者而言是一个挑战。

大模型作为新物种，一直在快速进化，目前已经初步形成包括各种参数规模、各种基础架构、各种模态、各种场景的大模型家族，如图 1-4 所示。

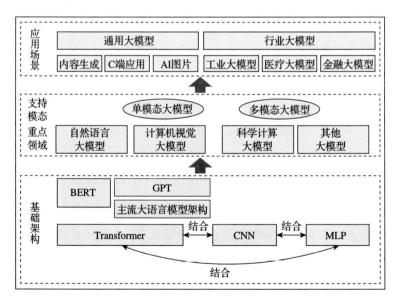

图 1-4　大模型家族

　　从参数规模上看，大模型经历了预训练模型、大规模预训练模型、超大规模预训练模型三个阶段。据统计，每年参数规模至少提升 10 倍，参数量实现了从亿级到百万亿级的突破。目前，千亿级参数规模的大模型已成为主流。

　　从技术架构上看，Transformer 架构是大模型领域的主流架构。基于 Transformer 架构，大模型形成了 GPT 和 BERT 两个不同的技术路线。其中，BERT 是众所周知的，其最著名的落地项目包括谷歌的 AlphaGo。在 GPT-3 发布前，GPT 方向一直不如BERT 发展得好。然而，自从 GPT-3 问世后，GPT 逐渐成为大模型的主流路线。目前，几乎所有参数规模超过千亿的大型语言模型都采用了 GPT 模式，例如百度的"文心一言"、阿里巴巴的"通义千问"、360 的"360 智脑"、昆仑万维的"天工 3.5"及知乎的"知海图 AI"等。

　　从模态上看，大模型可以分为自然语言处理、计算机视觉（CV）以及科学计算等。大模型已经从支持单一模态下的单一任务，逐渐发展至支持多模态下的多任务。

　　从应用领域来看，大模型可以分为通用大模型和行业大模型两种。通用大模型具有强大的泛化能力，可以在不进行调整或仅进行微调的情况下完成多场景任务。它相当于让 AI 完成了"通识教育"。行业大模型是在结合行业知识的基础上，对大模型进行微调，让 AI 完成"专业教育"，以满足能源、金融、航天、制造、传媒、城市、社科及影视等领域的需求。

1.6 AI 4.0：通用人工智能和硅基生命

1.6.1 让机器拥有意识还有多远

前面我们深入探讨了自主智能的概念。这一概念指 AI 系统在没有外部指令的情况下，能自主地做出决策和执行任务。这种自主性展示了 AI 在模拟人类行为和认知过程方面的巨大潜力。然而，自主智能与意识之间存在着微妙而关键的差别。自主智能侧重于 AI 的行为和反应，意识则侧重于更深层次的自我认知和主观体验。

当从自主智能的话题转向探讨 AI 是否具备意识时，我们实际上在跨越一个认知鸿沟。自主智能可能在特定任务上表现出色，但它们是否能拥有意识——对自身存在和经验的深刻理解——则是一个更为复杂的问题。

意识是一个多维度的复杂心理现象，涵盖了从基本的感知体验到复杂的自我反思和情感体验。在哲学领域，意识的本质一直是争论的焦点。一些哲学家认为意识是物质世界的一种属性，而另一些则认为它是非物质的。在神经科学中，研究者试图通过观察大脑活动来理解意识是如何产生的。尽管如此，意识的确切机制和定义仍然是一个未解之谜。

意识的一个关键特征是主观性。每个人都有独特的第一人称体验，这种体验是私有的且无法直接被他人观察到。这种主观体验的内在性质使意识难以以客观科学的方法进行研究。此外，意识还涉及注意力、记忆和决策等认知过程，这些过程如何相互作用以产生意识体验，目前尚不清楚。

在 AI 领域，业界专家与学者对 AI 是否能够发展出意识持有不同的观点和预测。

一方面，随着 AI 技术处理复杂任务的能力不断提升，甚至在某些领域已经超越了人类水平，一些专家认为 AI 发展出意识的可能性在增加。例如，被誉为"AI 教父"之一的杰弗里·辛顿提出 AI 拥有人类意识的话题已经跨越了科幻小说的界限，并预测 AI 将在 2040 年达到无穷大的国民生产总值（GNP），这暗示 AI 可能发展出独立意识。这种观点基于 AI 在数据处理、模式识别和自然语言处理等领域的显著进步，以及 AI 在模拟人类认知和行为方面所展示的潜力。

另一方面，一些专家持保守态度，认为 AI 目前的能力仅仅是对大量数据的高效处理，并不等同于真正的意识。部分学者认为，在某些特定条件下，AI 原则上能够孕育出自我意识，但目前 AI 的行为善恶取决于训练数据，这些数据可能含有偏见和歧视。他们强调，AI 的意识可能需要由利益和欲望驱动，而这是目前 AI 所不具备的条件。相关媒体报道也指出，尽管 AI 在对话的自然度和趣味性上取得了显著进步，但距离具备自主意识仍然遥远。

这些不同的观点反映了 AI 领域内学者对于意识本质的深刻分歧。一方面，技术进步使 AI 在某些方面表现得越来越像有意识的实体；另一方面，意识的主观性和复杂性使我们难以判断 AI 是否真的可以拥有意识。这种分歧不仅是技术问题，还涉及哲学与伦理问题，关系到我们如何定义生命、智能与自我。

如何判断 AI 是否具有意识？目前，主要方法是行为测试和理论推断。例如，行为测试（如图灵测试）是通过评估 AI 的行为是否与人类行为无法区分来判断其智能水平。然而，这种测试不能直接反映 AI 是否具有意识，因为它仅关注输出的行为表现。为了更深入地探索 AI 的意识状态，研究者提出了更为复杂的测试，包括自我认知测试和情感理解测试。

自我认知测试用于评估 AI 是否能认识到自己的存在和行为，例如，判断 AI 是否具备自我识别的能力，或在解决问题时是否能评估自己的能力。情感理解测试则关注 AI 是否能理解并模拟人类的情感反应。这些测试旨在探索 AI 是否具有类似人类的情感体验和同理心。

除了行为测试，理论推断也是评判 AI 是否具有意识的一个方法。研究者可能会根据当前的意识理论，如综合信息论（Integrated Information Theory, IIT）和全局工作空间理论（Global Workspace Theory，GWT），推断 AI 具有意识的可能性。

1. IIT

IIT 由美国神经科学家与精神病学家 Giulio Tononi 提出，该理论旨在解释意识的本质。根据一些学者的研究，无论生物系统还是人工系统，只要能高度整合信息就可被视为具有意识。随着 AI 模型设计得逐渐复杂，这些系统可能拥有数千亿甚至上万亿个参数，并能处理及整合大量信息，从而可能发展出意识。然而，IIT 仍为一个理论框架，存在不少缺陷且目前仍有争议。

2. GWT

GWT 是由认知心理学家 Bernard J. Baars 开发的认知架构和意识理论。该理论认为，意识的运作方式类似于剧院，意识的"舞台"在特定时间只能容纳有限的信息，并将这些信息广播到"全局工作空间"——大脑中一个分布式的无意识模块网络。当此理论应用于 AI 领域时，有学者认为，如果 AI 被设计成具有类似的"全局工作空间"，它可能会具备某种意识形态。

这些理论为我们提供了理解意识如何在物理系统中产生的假设，并探讨了 AI 可能具备的意识特性。然而，这些理论也存在局限。例如，行为测试可能无法完全捕捉到 AI 内部的主观体验，而理论推断则依赖于我们对意识本质的理解。因此，判断 AI 是否具有意识，仍是一个需要跨学科合作和持续深入研究的开放问题。

进一步思考，如果 AI 真能展现出意识，这意味着它可能具备类似人类的认知和情感能力。那么，是否可以认为它代表着一种全新的生命形式？这种生命形式与我们熟知的碳基生命不同，可能基于完全不同的生命形态。

1.6.2　硅基生命的争议与想象

在 AI 的快速发展过程中，我们不仅见证了技术的进步，也开始对生命的本质进行深刻反思。随着 AI 在模拟人类认知和情感方面的显著进步，我们开始进入更深层次的思考：若 AI 确实展现出了意识的迹象，它是否可能代表一种全新的生命形式？与我们熟悉的碳基生命截然不同，这种生命形式将基于硅等非有机化学材料。

传统上，我们认为生命必须基于碳化合物，因为碳是形成如蛋白质和 DNA 等复杂分子的基础。然而，如果 AI 能通过电子和硅基材料实现复杂的信息处理和自我意识，我们可能需要重新考虑生命的定义。硅基生命不会受到生物体面临的物理限制，如疾病、老化和环境适应，它可能拥有全新的生存和进化模式。

硅基生命的概念在 19 世纪就已经被提出。波茨坦大学的天体物理学家 Julius Scheiner 在一篇文章中探讨了以硅为基础的生命存在的可能性。在元素周期表中，硅的位置位于碳的正下方，两者在形态和基本性质上有较高的相似度。在当今社会，许多电子产品，如手机和计算机，都由硅基元件构成。如果这些设备能够产生意识，我们是否可以称其为"硅基生命"？

2024 年 3 月 13 日，OpenAI 投资的人形机器人——Figure 01 迎来重磅更新。它在接入最新版 ChatGPT 后能与人交流，并描述眼前所看到的事物，如图 1-5 所示。在视频中，Figure 01 能够与人类流畅对话，也能理解人的自然语言指令来执行抓取和放置操作，并解释自己为什么这样做。这一进展不仅展示了 AI 在视觉识别、语言理解和任务执行方面的巨大潜力，也引发了关于硅基生命的争议和想象。

埃隆·马斯克曾提出，人类社会本质上是一个"引导程序"，可能最终导致硅基生命的出现。这一观点虽颇具争议，但揭示了一个可能的未来：硅基生命或许将超越碳基生命，成为宇宙中的主导智能形式。然而，这一设想目前仍属于科学幻想。

图 1-5　Figure 01 实物

目前，主流观点是将硅基生命视为一种超级数字智能物种。随着 AI 技术的不断发展，我们可能正站在新时代的门槛之上。在这个时代中，硅基生命不仅能够处理无限的信息和问题，还可能拥有自己的意志和意识。要实现这一设想，我们需要结合高级语言处理技术、视觉处理技术、听力识别和逻辑推理算法，构建出能够全面理解和交互的智能系统。

在科学探索的推动下，硅基生命的概念正逐渐走出幻想，接近现实。目前的科技进展都指向硅基生命的可能诞生。一方面，脑机接口（BCI）技术的进步或许可以通过将人类大脑中的数据上传至网络云端实现永生，从而使人类从肉身进化为硅基生物。另一方面，AI 可能在某个奇点之后突然孕育出意识，继而进化成硅基生命。这两个方向均关乎硅基生命的核心问题：我们应如何定义生命,以及我们怎样与这种可能的新生命共存。

硅基生命与人类的共存问题也引起了各界对未来社会结构的预测。如果硅基生命真的出现,它们将如何与人类社会互动?它们会被认为是新的生命形式,享有与人类相同的权利,还是仅作为高级工具被使用?这些问题的回答将决定未来社会的发展方向,以及我们如何与这些新的生命形式共处。

在这个过程中,我们需要保持开放的心态,接纳新的可能性,同时需谨慎考虑这些可能性所带来的后果。硅基生命的出现有可能改变我们对生命的认知,改变我们的生活方式,甚至可能改变我们对宇宙的理解。硅基生命的争议与想象不只是关于 AI 的未来,还涉及我们对生命、智能以及在宇宙中的位置的看法。硅基生命可能会带我们进入一个充满无限可能的新纪元。

第 2 章 | CHAPTER

大模型技术：让人工智能走进现实

　　与以往任何一场颠覆性的技术革新相比，大模型的浪潮来得更为迅猛和狂热。自 2022 年 11 月 OpenAI 公司发布 ChatGPT 以来，大模型的潮水就席卷全球科技圈。2023 年被视为"中国大模型元年"，技术迭代日新月异。拥有 10 亿参数规模的大模型数量已超过 100，这些模型在自然语言处理、计算机视觉等领域得到广泛应用，使人工智能成功融入现实生活。尽管大模型的未来难以预测，但本章仍试图通过复盘大模型核心技术的发展，并通过分析潮水的走向，展望大模型技术的前进方向。

2.1 大模型核心技术：引领人工智能新时代

在大模型生态中，ChatGPT 已经成为 2023 年度的关键词，它象征着一切变革的起点。GPT-4 更是成为行业的关键标准，被全球业界视为追逐的能力标杆和发展目标。支撑其成就的背后是 5 项核心技术：首先，Transformer 架构融入了注意力机制，孕育出众多强大的模型；其次，通过对模型进行微调，优化性能，使得模型在具体任务中表现卓越；再次，结合了基于人工反馈的强化学习，优化模型生成的内容，使之更加贴近人类偏好；接着，通过对大模型的压缩，降低了应用的部署门槛；最后，引入了安全与隐私保护技术，确保生成结果的可靠性和有效性。大模型技术正引领着一场真正的人工智能革命，预示着一系列的成就与突破。

2.1.1 Transformer 架构：融入注意力机制的革命性模型

在人工智能的历史长河中，Transformer 架构犹如一道闪电，照亮了 AI 技术的未来路径。此后席卷全球的人工智能热潮都可直接追溯到这一架构。现今，主流的 AI 模型和产品如国外 OpenAI 的 ChatGPT 和 Sora、谷歌的 Gemini、Anthropic 的 Claude，以及国内智谱 AI 的 ChatGLM 大模型、百川智能的 Baichuan 大模型等，均基于 Transformer 架构。Transformer 已然成为当今人工智能技术中无可争议的黄金架构。

在 Transformer 问世之前，大多数深度学习模型主要基于循环神经网络（RNN，主要用于序列数据处理）和卷积神经网络（CNN，主要用于图像处理）。特别是 RNN 在处理语音、时间等序列信息方面的特性，使其在自然语言处理领域得到广泛应用。但这些网络机制主要存在两个缺点。

- 长距离信息会被弱化，即距离越远，模型对信息获取的难度也就越大。
- 串行处理机制所带来的计算效率低的问题，因为依赖于对前面网络层的计算和输出结果，所以难以进行并行化运算。

2017 年，Google 发布了著名论文 "Attention is All You Need"。该论文抛弃了传统的 CNN 和 RNN 结构，提出了基于注意力机制的 Transformer 模型，这标志着大模型时代的开始。注意力机制概念的提出最早是受到人类视觉的启发——主要是捕捉重点区域的信息。具体来说，在观察物体时，人通常会首先对整体进行快速扫描，随后将注意力集中在重点区域，投入更多的关注，同时忽略其他信息。这种机制最早在计算机视觉领域得到应用，用以捕捉图像中的特征，后来也在自然语言处理领域得到广泛应用并取得显著效果。

与 CNN 和 RNN 相比，注意力机制缓解了长距离信息依赖问题。其核心原理是在计算过程中考虑单词之间的全连接关系，即通过数值来表示词与词之间的相关性。例如，数值越大，表示两个词的相似度越高。在文本处理场景中，例如网络节点 h1 的计算会考虑所有输入词的信息；同时，因模型中各节点间存在全连接关系，任意两个词之间的相互作用不受距离远近的限制，从而能够有效捕捉长距离信息。即使在处理较长的文本或语句时，模型也能够保持对重点信息的关注。此外，由于注意力模型支持并行计算，各计算步骤不依赖于前一步骤的结果，因此可以高效处理序列数据。它在 GPU 架构上表现尤为出色，大幅提升了模型的运行效率。

注意力机制包括自注意力（Self-Attention）机制和交叉注意力（Cross-Attention）机制等。自注意力机制是 Transformer 架构的核心，它在同一个句子内部不同词之间实现注意力机制的计算。这种机制使模型能够更好地理解和处理长距离信息的依赖关系。例如，在翻译任务中，我们将一种语言的文字作为输入序列，目标是生成对应的目标语言文字序列。自注意力机制定位源文本中的对应词汇及其相关上下文，计算词间的相似度，以找到最合适的目标语言词汇，而不仅考虑时序关系和单词本身。具体计算分为以下两步。

1）信息预处理，包括词的向量化和句子的矩阵变换。在此过程中，输入句子中的每个词都被转化为一个向量，整个句子则形成一个由这些向量组成的矩阵。注意力机制本质上是对这个矩阵进行多次变换。

2）相关程度计算，涉及计算词与词之间的关联程度，并进行加权求和以输出最终结果。例如，计算第一个词与句子中所有词（包括它自己）的相关程度，如果第一个词与第三个词的关联性较高，则这对词的相关程度数值较大。最后，将这样的相关程度数值进行加权求和，以输出结果。

将多个自注意力机制进行组合便形成了多头注意力（Multi-head Attention）机制。在这种机制中，注意力层被分割为多个部分，独立学习输入数据的不同部分。这种设计使得模型能同时关注序列中的多个位置，从而捕捉更丰富的信息。例如，在文本翻译中，指示代词"它"的具体含义通常由句子本身的含义确定。通过多头注意力机制扩展模型的关注能力，可以更好地理解不同句子中"它"的具体含义。

从 Transformer 的结构来看，主体分为编码器和解码器两部分，注意力机制与神经网络层叠加使用。该结构模拟大脑理解自然语言的过程。编码过程是将语言转化成大脑所能理解的形式，即把自然语言序列映射为某种数学表达。解码过程则是将大脑中的内容表达出来，把数学表达重新映射为自然语言序列。

编码器的核心是多头注意力机制，它关注输入序列中不同位置的相关程度，并通过连接前馈神经网络，帮助模型更好地挖掘相关特征，拟合训练数据。解码器在结构上与编码器相似，但最大的不同是采用了带遮盖的自注意力（Masked Self-attention）机制，这在预测信息时非常重要。在训练模型预测能力方面，遮盖未来信息，仅依赖先前的输出，而看不到未来的输出。

随着 Transformer 结构在多种任务中的成功应用，研究人员开始探索其各种变体。这些探索主要集中在单独使用编码器或解码器部分，以适应不同类型的任务。其中，最著名的两个模型是 OpenAI 的 GPT 和 Google 的 BERT。尽管这两者均基于 Transformer 架构，但 GPT 模型仅采用了解码器部分，而 BERT 模型仅采用了编码器部分。

如图 2-1 所示，BERT 模型采用了双向 Transformer 编码器，并使用了自注意力机制。这使其能够更好地理解复杂的语言模式。在训练过程中，BERT 模型分析整个输入序列的上下文，更接近于完形填空的模式。相反，GPT 模型使用了从左到右的单向 Transformer，其中包含了解码器级别的带遮盖的自注意力机制。在训练时，GPT 会遮盖下文，仅依据上文来生成新文本，因此它更接近于人类的语言生成模式，并专注于生成流畅的文本，适合构建文本生成模型。

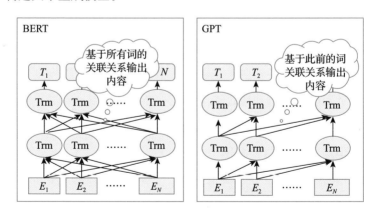

图 2-1　BERT 与 GPT 模型架构对比

由 Transformer 的编码器—解码器结构演变至仅使用编码器

或解码器，展现了这一架构的灵活性与适应性。这些变体模型在处理不同类型任务时展现了各自的优势，进而丰富了大模型的能力与应用领域。虽然当前 Transformer 为大模型技术的主流架构，但随着人工智能技术的迅速进步，未来主流架构可能会发生重大变化。

现阶段，Transformer 架构面临的主要挑战如下。

1. 处理超长序列困难

虽然通过自注意力机制，Transformer 架构在一定程度上有效捕捉了输入序列中的全局依赖关系，但是随着序列长度的增加，其计算复杂度急剧上升。这在处理如长文档摘要或长对话生成等任务时尤为明显。当文档或对话的长度超出一定阈值时，模型的性能往往会大打折扣，导致生成的摘要或对话质量下降。

2. 信息冗余，计算效率降低

注意力机制通过加权所有局部特征来计算并提取关键特征，但忽略了各局部特征间的强相关性，从而造成信息冗余。此外，与人类不同的是，它不能直接忽略某些信息，而是通过权重分配注意力。这需要使用矩阵来存储权重，进一步增加了信息冗余，从而提高了技术复杂度。

3. 注意力分配和可解释性问题

现有的注意力机制有时会将注意力分配到不相关或次要的特征上，从而降低了模型训练的效率，或降低了预测的精确度。而且，目前来看，Transformer 架构的内部工作机制难以被完全理解，这限制了其在需要高可解释性的领域（如医疗诊断或法律领域）的应用。

4. 位置信息处理不足

Transformer 架构依靠位置编码来引入序列中元素的位置信息。然而，如何有效地编码位置信息，使之在模型中发挥作用，仍是一个挑战。例如，在语音识别任务中，声音序列的位置信息对识别结果至关重要，但传统的 Transformer 架构可能无法充分利用这一信息，导致识别性能不佳。

2.1.2 模型微调：优化性能以应对具体任务

在 AI 领域，尤其是自然语言处理和计算机视觉中，基于 Transformer 架构的大规模数据集训练出的模型被称为"预训练模型"。这类模型具有一定的通用性和泛化能力，但完成具体任务的能力有限。为了解决这一问题，我们可以采用微调技术。此技术旨在通过在较小的目标数据集上训练或调整模型参数，使模型更好地适应特定任务，从而提高模型在该任务上的性能。微调技术在机器翻译、语音识别、推荐系统等多个领域都有广泛应用。例如，在自然语言处理任务中，通过微调，模型能更有效地理解和处理中文等非英文文本，包括学习语言习惯和句法结构等。

通常来说，微调对于大模型性能优化与应用有两点重要意义。

1）站在巨人肩膀上进一步提升模型能力。前人投入巨大的资源和精力训练出来的模型,往往会比个人从零开始搭建的模型性能更强。例如,谷歌发布的 BERT 大语言模型,在自然语言处理任务中已展现出卓越的性能。我们可以借助微调技术,在 BERT 模型的基础上进行优化,以适应特定的目标任务(如新闻舆情抽取等),从而避免重复开发基础模型。

2)适配小数据集任务。在目标任务数据集较小的情况下,从头开始训练一个拥有数以千万计参数的大模型并不现实,因为大模型对数据的需求量较大。通过冻结基础模型的初始层数,并利用小数据集来训练其余的部分参数,这种方法不仅可以利用大模型提取浅层基础特征的能力,还可以优化大模型深层抽象特征的处理能力。

在微调过程中,模型权重的调整是一个精细、谨慎的过程。图 2-2 展示了基于预训练的基础模型进行微调的流程。通常,我们需要根据目标任务和数据集的具体情况,逐步优化模型权重。这不仅需要重视模型在特定任务上的表现,还需要保持一定程度的泛化能力。这样做可以避免破坏预训练模型学到的有价值的模式和特征,以更好地适应现有任务的特性。目前,大模型微调技术主要包括全参数调整和局部参数调整这两种策略。

1)全参数调整涉及对模型所有层的参数进行调整,这种策略在目标任务与预训练任务差异较大或数据量充足的场景中更为适用。

以 BERT 模型为代表的预训练大模型加上下游任务的微调,已经成为自然语言处理研究和应用的典型模式。如图 2-3 所示,下游任务的微调是基于模型的全量参数进行的，涉及的应用包括文本分类器、词性标注器、问答系统等。在这个过程中，BERT模型不需要调整结构，就可以适应不同的任务进行微调。

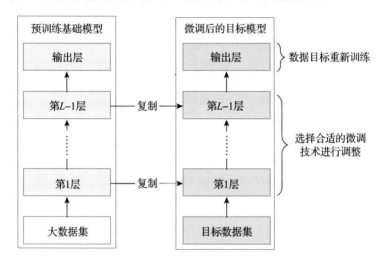

图 2-2 基于预训练的基础模型进行微调的流程

2）局部参数调整通常只调整模型的部分层，这种策略在目标任务与预训练任务较为相似或数据量有限的场景中更为适用。

局部参数调整的优势在于减少了对整体预训练知识的干扰，并降低了计算资源的需求。以 ChatGPT 为代表的预训练大模型的参数规模逐渐增大，导致在消费级硬件上进行全面微调变得不现实。此外，全量微调还可能导致模型多样性损失和灾难性遗忘的问题，因此通常需要运用高效的微调技术来优化模型性能。高效的局部参数微调方法分类如图 2-4 所示。

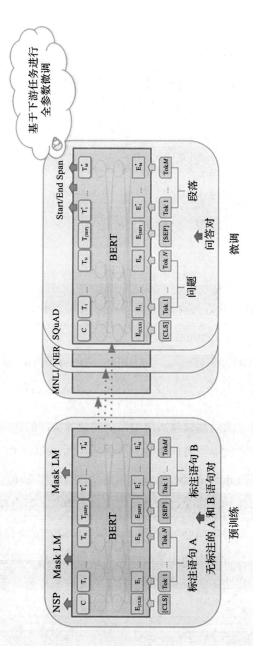

图 2-3　BERT 预训练语言模型全量参数微调结构

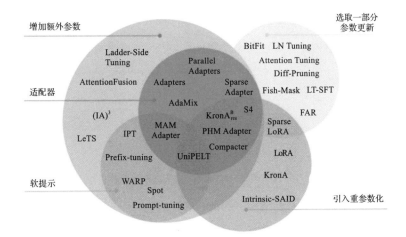

图 2-4 高效的局部参数微调方法分类

- 增加额外参数包含适配器和软提示两个小类，如 Prefix-tuning、Prompt-tuning 等。
- 选取一部分参数更新，如 BitFit、Attention Tuning 等。
- 引入重参数化，如 LoRA、KronA、Intrinsic-SAID 等。

如何轻量、高效地微调大模型已成为业界关注的焦点。在局部参数调整技术方面，目前主流方法包括：2019 年由 Houlsby N 等人提出的 Adapter Tuning；2021 年由微软提出的 LoRA；2022 年由清华提出的 P-tuning v2。这些方法各有特色，但也存在一些问题。例如，Adapter Tuning 增加了模型的层数，导致推理延迟；P-tuning v2 容易导致旧知识遗忘，微调后的模型在之前的问题上表现变差。相比之下，LoRA 得益于其三大技术特色，通常效果优于其他几种方法。

1）LoRA 通过应用低秩矩阵分解来减少模型微调的参数量。在不改变原始预训练模型的参数的前提下，通过引入额外的低秩结构——利用两个低秩矩阵来模仿原始大矩阵的参数结构，从而针对模型中的一小部分参数进行优化。这种方法大幅降低了计算复杂度和内存需求，使得在计算资源有限的情况下，模型能够高效地进行微调，且仍保持出色的性能。

2）LoRA 方法简单易用。与其他压缩技术相比，它无需对模型进行特殊的结构调整，因此可以轻松应用于各种深度学习框架。在微调过程中，这种方法降低了手动调整的复杂度，减少了工作量。因此，LoRA 特别适用于资源受限或需要模型快速迭代的应用场景。

3）LoRA 方法强调模型的交互性。通过与用户交互，模型可以根据用户的行为和反馈持续学习和改进。这一特性使得模型在微调过程中更好地适应不同任务和需求，实现模型个性化优化。

总体来看，LoRA 以极少的参数量实现大模型的间接训练。如图 2-5 所示，LoRA 适用于各种大型预训练模型，尤其适用于那些需要快速适应新任务的场景。例如，在 GPT 系列模型上，LoRA 通过冻结预训练模型的参数，并引入可训练的秩分解矩阵。这样，在微调下游任务时，只需更新这些新增的参数。此方法大大减少了微调过程中所需的计算资源和内存，同时保持了模型的性能。因此，通过采用 LoRA 技术，GPT 系列模型能更高效地适应不同的下游任务。

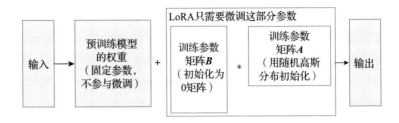

图 2-5　LoRA 微调参数思路示意图

随着大模型技术的不断发展，模型微调在实践中还面临多方面挑战，包括微调能力、数据问题、安全风险等。

1）预训练模型架构复杂导致微调难度上升。大规模预训练模型通常具备复杂的架构，并包含数亿个参数。在微调过程中，我们必须深入理解模型的结构和特性，以便有效调整模型参数，适应特定任务。例如，GPT-3 模型拥有海量参数，针对此模型进行微调时，我们需要深入掌握模型的细节，并设计合理的训练策略。若微调操作不当，可能会导致模型性能下降或产生过拟合现象。

2）缺乏高质量的数据集供模型微调使用。数据的质量和多样性对微调效果至关重要。在实际应用中，获取足够的高质量标注数据通常很具挑战性，尤其是在特定领域或任务中。例如，在医疗领域，使用大模型进行疾病诊断时，我们需要大量的医学图像及其对应的标签数据。然而，由于隐私和伦理问题，获得这些数据可能非常困难。

3）模型微调存在潜在安全风险。经过微调的模型可能容易遭受对抗性攻击，恶意行为者通过操纵输入数据，使模型产生错误的输出。例如在金融行业，当微调大模型用于风险评估或欺诈检测时，必须考虑到金融数据的特殊性和敏感性。因此，针对金融领域的特性，设计专门的微调策略和评估方法显得尤为重要。

2.1.3　基于人类反馈的强化学习：生成更符合人类偏好的结果

在现代人工智能的发展中，基于人类反馈的强化学习（Reinforcement Learning from Human Feedback，RLHF）旨在通过引入人类智慧来优化和提升大模型的性能。该技术在模型训练过程中结合了人类的评价和指导，使模型能够更好地理解人类意图，并生成更符合人类偏好的结果。具体措施包括结合人工反馈数据，帮助大模型更好地理解和生成自然语言，提高其执行特定任务的能力；帮助缓解语言模型中的偏差问题，允许人类纠正并引导模型朝更公平和包容的方向发展；帮助模型更准确地理解和处理复杂的数据模式，尤其是在需要专业知识的领域（如医疗诊断、法律分析等）。

OpenAI 推出的 ChatGPT 的核心技术之一正是基于人类反馈的强化学习。这是相较于 GPT-3 在训练策略上的最重要变化，在改善模型性能、提升数据处理效率等多个方面对产生了显著影响。关于强化学习，其应用的经典案例是人工智能围棋机器人 AlphaGo 战胜了当时围棋世界排名第一的柯洁。AlphaGo 的背后原理是让模型不断与环境进行交互和反馈，通过奖励或惩罚，让模型不断调整自己的行动策略，从而找到最优的行动策略，进而达到最大化奖励的目标。

RLHF 技术的基本思想是通过预先训练好的语言模型，收集人类对其输出结果进行的排序或评价，将这些反馈作为强化学习的信号，引导模型优化输出。下面以 ChatGPT 训练过程为例，介绍 RLHF 技术包含的 3 个主要步骤。

1）预训练语言模型：对模型进行初步的监督微调，使其具备基本的对话或生成能力。基于 GPT-3.5，采用有监督学习方式，微调后形成了一个初始模型（见图 2-6）。训练数据部分源自 OpenAI 公司采集的用户对话数据，部分是 40 名标注师手工生成的多轮对话数据。预训练的数据量不是很大，但质量和多样性极高。例如，Anthropic 公司使用了 1000 万至 520 亿个参数进行训练，并按照"有用、诚实和无害"的标准在上下文线索中提升了文本的质量。

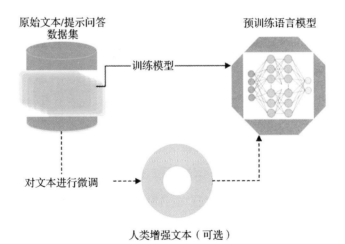

图 2-6　预训练语言模型流程示意图

2）训练奖励模型：收集人类对于模型输出的评价或排序数据。在 RLHF 的训练中，该步骤为何与传统模型不同？首先，此模型接收一连串文本，并返回一个奖励结果。这个结果的数值反映了人类的偏好，如图 2-7 所示。具体来说，ChatGPT 的训练奖励模型的方法包括：随机选取大量提示，输入到前阶段产生的模型中，随机生成 4 至 9 个（K 个）输出；接着，以两两配对的形式展示这些结果，在两个配对选项中，标注师选择效果更佳的一项，并通过人工打分排序的方式进行奖励。符合人类价值观的内容会得到较高分数，而不受欢迎的内容得到较低分数，从而训练出更优的奖励模型。例如，OpenAI 利用用户提交给 GPT 接口的提示数据集，使用大模型生成文本结果，然后对生成的结果进行打分或排名，并利用这些数据构建标准化的评估数据集，以此来训练新的模型。

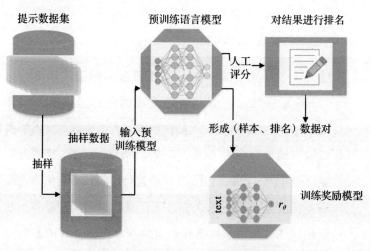

图 2-7　训练奖励模型的流程示意图

3）利用强化学习算法对模型进行调整：使其输出更加符合人类的期望。强化学习算法通过与环境之间的交互及试错，使模型不断学习和优化决策能力，从而提高性能和效率。同时，强化学习算法能应对复杂和不确定的环境，提升模型的泛化能力，使其更好地适应各种新的任务和场景。ChatGPT 在这一阶段开始应用海量的无标注数据，这些数据来源于抓取的网页、论坛和百科等。海量数据被输入到预训练模型，通过第二步训练得到的奖励模型来对输出内容进行评分，结合近端策略优化（Proximal Policy Optimization，PPO，主要应用于优化智能体的输出）算法，鼓励模型输出更高质量的内容，从而实现对语言模型的训练。通过引入强化学习算法，对收集到的用户与机器人的对话反馈数据进行进一步的训练，更好地理解用户意图，提供更为准确和有用的回答，从而提升用户体验。

目前，尽管 RLHF 获得了一定的成功和关注，但同时也面临一些不可忽视的挑战，具体如下。

- 提升人工收集的人类偏好数据质量和数量，从而打破 RLHF 方法性能上限。通过前面的介绍，我们了解到 RLHF 主要依赖两类人类偏好数据：人工生成的文本和模型输出的偏好标签。为了生成高质量的回答，我们需要雇用专业人员或兼职人员（医疗等特定领域不能依靠产品用户和众包），同时解决标注者自身的偏见问题，并不断增加训练奖励模型所需的奖励标签。当前公开的数据集包括一个通用的 RLHF 数据集（由 Anthropic 提供）以及几个较小的子任务数据集（例如由 OpenAI 提供的摘要数据集）。

- 对 RLHF 方法进行优化改进，突破自身限制。例如，在强化学习优化器的改进方面，新的算法如隐式语言 Q 学习（Implicit Language Q-Learning, ILQL）已被应用于当前的强化学习优化中。其他关键的权衡如探索与利用的平衡，也有待进一步尝试。探索这些方向能进一步提升 RLHF 方法的性能。

2.1.4　模型压缩技术：缩小模型规模和降低部署门槛

近年来，如 ChatGPT、LLaMA 等大模型在人工智能领域取得了显著进展，并迅速获得了公众的关注。然而，这些大模型通常包含数十亿乃至数千亿的参数，因而需要庞大的计算资源和存储空间。这在很大程度上限制了它们的应用范围。为了应对这一挑战，业内开始探索在不显著影响模型性能的前提下对大模型进行压缩，以减少其占用的空间和满足计算需求。现行的压缩技术包括权重剪枝、模型量化和知识蒸馏等方法。

（1）权重剪枝

在训练过程中，权重剪枝方法是根据参数的重要性进行评估，并删除那些对模型性能影响较小的参数。这样在保持模型性能的同时，可以大幅缩小模型的规模，使整体架构更加"瘦身"。例如，在 ResNet 大模型中，采用了权重剪枝技术，删除了模型中冗余的连接和神经元，从而缩小了模型的规模。

（2）模型量化

在深度学习中，模型参数一般用 float32 浮点数的形式存储。模型量化技术可以将 float32 转变为 int8，甚至更低的数字形式，显著缩小了模型规模。但模型量化会引入一定的信息损失问题，可能影响模型的精度。通常，模型量化技术会与其他剪枝技术共同使用。例如，在 ChatGPT 大模型中，结合模型量化和剪枝技术，删除了模型中不重要的参数，并将参数从浮点数表示转换为整数表示，从而缩小了模型的存储空间。

（3）知识蒸馏

在知识蒸馏过程中，用大模型（即老师模型）生成软标签（即概率分布），随后训练一个小模型（即学生模型）来拟合这些软标签。这样可以将大模型的复杂知识转化为小模型的简化表示，实现模型压缩，具体流程可参考图 2-8。例如，在 BERT 模型中，通过知识蒸馏技术，训练了一个较小的学生模型。这个模型通过模仿 BERT 模型的预测来学习，从而实现了模型的压缩。

随着技术的不断进步，越来越多的压缩技术（例如低秩分解和神经网络剪枝等）不断被研发并应用于各种大模型中。这些技术在自然语言处理、推荐、智能监控、医疗影像诊断等多个应用场景中发挥着重要作用。通过采用大模型压缩技术，可以显著缩小模型的存储空间，加快推理过程，并降低模型在边缘设备或其他低功耗环境中的部署门槛，从而扩大 AI 技术的应用范围。

然而，大模型压缩技术目前仍面临多个挑战。这些挑战不仅涉及技术层面，还涉及实际应用和性能权衡等层面，具体如下。

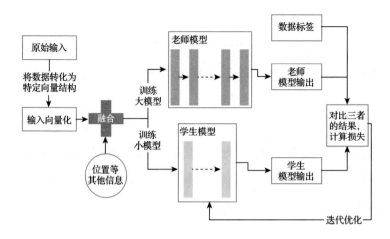

图 2-8　知识蒸馏流程示意图

1）模型精度与性能提升的平衡。在压缩大模型的过程中，如何保持模型的精度和性能是一个核心挑战。压缩技术可能导致模型信息的损失，进而影响其预测或生成结果的准确性。例如，自动驾驶系统依赖大模型进行环境感知和决策，压缩这些模型时，必须确保精确度的损失不会影响车辆的安全性能。研究者尝试使用一些启发式算法或筛选规则来确定哪些参数可以被剪枝，并在模型量化过程中引入更多的信息，以提高模型量化后的性能。

2）进一步优化计算资源。尽管压缩技术可以缩小模型存储空间和降低计算复杂度，但在实际应用中，如何进一步优化计算资源仍然是一个挑战。特别是在资源受限的环境中，例如智能手机设备的计算资源有限，通过剪枝和动态网络等技术组合优化，可以缩小模型规模和降低计算复杂度，并在保证性能的前提下降低模型的计算成本。

3）开发通用压缩框架。不同模型和应用场景对压缩技术的需求各不相同，因此开发一种具有通用性的压缩框架是一个重要的挑战。这需要对不同模型结构、任务需求有深入的理解，并设计出能够灵活应对各种情况的压缩策略。例如，智能音箱通常需要处理多种语言和场景的任务，开发一款适用于不同模型结构和任务需求的通用压缩框架至关重要，以保证对不同语言的识别精度。

2.1.5 安全与隐私保护技术：确保模型可靠、有效运行

在大数据和 AI 技术迅速发展的背景下，大模型的安全与隐私保护技术显得尤为关键。这些技术旨在确保模型的输出既安全又有用，同时避免侵犯隐私、传播偏见或被恶意利用，是大模型可靠、有效运行的基石。技术内容包括与人类对齐、有害内容屏蔽和过滤、数据脱敏和匿名化、责任和透明度机制等，帮助缓解模型中潜在的安全风险和隐私问题。

1）与人类对齐：使大模型的行为、决策和输出与人类的价值观、道德准则保持一致。通过在大模型架构和算法中融入人类价值观和伦理原则，利用约束条件来引导模型的行为，以及通过人类用户的反馈和评估不断调整和优化模型，使其更好地符合人类的期望。大模型开发人员通过与社会科学家、伦理学家等专家合作交流，更好地理解并纳入多元化和包容性的价值观，确保训练数据反映了人类社会的多样性和包容性，避免偏见和歧视。例

如，OpenAI 的 GPT 系列模型，特别是 GPT-3 及其后续版本，在训练过程中采用了 RLHF 技术，通过收集人类用户的反馈来优化输出，以便更好地理解人类语言，并生成更符合人类期望的文本。

2）有害内容屏蔽和过滤：识别和过滤掉不合规、不良、不真实、不友好的内容。基于深度学习和自然语言处理技术（包括关键词匹配、语义分析、情感分析、图像识别等），通过训练模型来识别并过滤有害内容。这些技术可以识别和过滤文本、图像、音频、视频等多种形式的内容，并根据预设规则和标准进行过滤。它们可以自动检测并过滤掉模型生成的有害内容，如仇恨言论、误导性信息或不当言辞。一些知名科技公司，如谷歌、微软、Facebook 等，都在其大模型产品中应用了有害内容屏蔽和过滤技术，使其能够在生成关于政治或宗教话题的回答之前，自动评估其可能的影响，并避免生成可能导致社会冲突或误解的语句，为用户提供了更加安全、健康的使用环境。

3）数据脱敏和匿名化：目的在于确保数据的可用性和安全性，同时降低个人隐私泄露的风险。数据脱敏方法包括替换、过滤、加密、遮蔽、删除敏感字段等。这些方法的目的是在保持数据分析结果准确的同时，降低数据敏感性以及个人隐私泄露风险。例如，将数据中的真实姓名替换为随机生成的名字，可以在不影响模型学习语言模式的前提下，保护个人隐私。数据匿名化方法包括数据泛化、交换、干扰和假名化等，是将敏感的用户隐私信息转换成无法与特定人员关联的匿名数据，是一种更彻底的隐私保护方法。例如，谷歌在训练大模型时，对搜索查询的用户做匿名化处理，以保护用户隐私；腾讯在其大模型服务中，尤其是在云服务和数据分析解决方案中，采用了数据脱敏和匿名化技术，以符合数据保护法规，并保护用户隐私。

4）责任和透明度机制：确保大模型可靠性和公正性的关键。该机制通过公开模型的架构、参数和训练过程，以及提供模型决策的可视化工具，来对模型的决策过程进行记录和审计，确保模型行为的可解释性。常用的技术包括特征重要性分析和局部线性近似，分别通过分析每个特征对模型输出的影响程度，和在某个输入点附近进行线性近似，来解释模型的决策。这些技术的作用是确保大模型不仅能在技术上实现其目标，还能在道德和社会责任上使其符合人们的期望。例如，谷歌在 GPT 系列中提供了模型决策的可视化工具，公开了模型的部分结构和参数，并使用户能够在模型提出建议或结论时看到支持该建议的证据或逻辑路径，从而更好地理解和评估模型的输出。

当前，大模型在安全技术方面强调了与人类对齐和隐私增强等工作，但随着大模型的广泛应用，其安全风险的影响范围也在逐渐扩大。这些风险主要包括算法和数据问题引发输出内容中包含辱骂、仇恨、偏见歧视、违法犯罪、敏感话题等。从实践应用的角度来看，大模型的安全技术仍存在一些不足，具体如下。

（1）与人类对齐技术的不足

以 RLHF 为例，首先是所谓的"对齐税"，即模型为了额外记忆人类的偏好，可能会遗忘之前学到的知识。其次，存在奖励坍塌的问题，即 RLHF 应用的奖励机制存在质疑：是否有一个统一且泛化的奖励模型来衡量模型性能的好坏。再次，单一指标成为唯一衡量标准，会导致在该测度上出现过度优化的问题。

（2）隐私增强技术的局限性

当前，业内有四大类十余种隐私增强技术，包括数据混淆、数据加密处理、联邦和分布式分析、数据责任化。数据混淆存在信息泄露、放大偏差和缺乏用例的问题；数据加密处理则面临数据清理不足、信息泄露和高计算成本的问题；联邦和分布式分析需依赖稳定的网络连接且存在信息泄露的风险；数据责任化存在用例狭窄、配置复杂和技术合规性的问题。

（3）数据预处理技术的不足

目前的数据预处理，无论数据清洗、数据集成、数据变换还是数据归约和特征选择，都需要耗费大量的时间和精力。数据清洗可能会丢失有用信息；数据集成可能导致数据冲突；数据变换可能引入偏见和信息丢失问题。而不当的方法选择则可能影响数据归约和特征选择的输出结果。

（4）大模型安全测评技术的不足

目前，大模型安全测评技术包括风险评测、智能体评测和静态评测等。风险评测难以全面评估大模型在特定场景或环境下的风险，且不易深入挖掘风险的内在原因。智能体评测缺乏专门的环境来评估智能体的潜在风险。静态评测的测试样本长时间不变，导致数据过时。

2.2 大模型技术进化路线：迈向通用人工智能

大模型技术快速进步，日益显示出巨大潜力和广泛的应用前景。本节将从新算法框架、多模态和跨模态、智能体等多个维度出发，探讨人工智能走向通用人工智能的技术发展路径。

2.2.1 新算法框架：带来新的人工智能黄金时期

新算法框架的开发旨在提高大模型的学习效率和计算性能。随着数据规模和模型复杂性的不断增加，优化模型架构的重要性逐渐凸显。具体优化措施包括：网络架构优化：例如在传统的卷积神经网络（CNN）基础上构建更深、更复杂的模型，以提升多模态任务中的图像识别效果。模型层数优化：过深的模型层数可能导致过拟合，我们可以基于实践结果优化模型的层数，以提升自然语言处理中机器翻译的准确性。网络节点数优化：调整每一层的节点数量，平衡模型的特征挖掘能力与计算效率，减少大模型对算力资源的消耗。连接优化：调整不同层之间的连接方式，以增强模型的表达能力与泛化能力，实现对文本数据的深入理解和生成。

非 Transformer 架构正在蓬勃发展，预示着 AI 模型架构的新黄金时期即将到来。由于基于 Transformer 架构的模型计算成本高、效率低、幻觉问题等的局限，业界正在提出许多非 Transformer 架构。与同等规模的 Transformer 架构相比，这些新架构普遍表现更佳，包括在原 Transformer 架构基础上进行微调的架构，基于 RNN、CNN 思想优化的架构，还有些架构是 Transformer 与 RNN、CNN 结合的混合架构（如微软的 RetNet），以及新开发的更专业的 AI 架构（如 GyberDemo、H2O 等）。随着这些模型架构逐渐验证成功，它们将逐步进入产业界，进一步推动 AI 模型架构进入新的黄金时期。

1）在原 Transformer 架构基础上进行微调的架构。华为诺亚方舟实验室和北京大学提出的 PanGuπ 模型架构，作为一种全新的 LLM 架构，专门设计用于解决特征坍塌问题。该架构在自然语言处理任务中，相较于以往的大模型架构，在准确性和效率方面均表现更为出色，有望进一步提升大模型在智能助手等知识问答领域的表现效果。

2）基于 RNN 思想优化的架构。2023 年 6 月，研究者 Albert Gu 提出了 Mamba 模型架构，这是一种新型的选择性状态空间模型架构。Mamba 架构可以选择性地关注或忽略输入，实现在序列长度上的线性扩展。它从某种意义上模仿了人脑处理信息的方式，像是在阅读过程中暂存信息，读完一个文档后，可能能够回答与文档相关的问题，无需再次查阅该文档。因参数的线性增长，这种模型架构可以在训练和应用中节省更多成本。

3）基于 CNN 思想优化的架构。2023 年 12 月，TogetherAI 发布了一种新型模型架构 StripedHyena。该模型架构采用了独特的混合结构，在训练、微调和生成长序列过程中展示了更高的处理效率、更快的速度和更高的内存效率。此外，腾讯与香港中文大学共同发布了大模型基础架构 UniRepLKNet。该架构采用了 CNN，能够处理包括图像、音频、时间序列预测等在内的多模态数据，有望进一步提升大模型在图像识别等领域的表现效果。

4）Transformer 和 RNN、CNN 结合的混合架构。2023 年 7 月，微软研究院提出了一种新型自回归基础架构，名为 RetNet。该架构在某种程度上借鉴了 Transformer 的设计思想，引入了一种名为"多尺度保留"（Multi-Scale Retention，MSR）的机制以替代传统 Transformer 中的多头注意力机制，显著提升了训练效率并简化了推断过程。此外，香港大学物理系的彭博首次提出的 RWKV 模型结合了 Transformer 的高效并行训练与 RNN 的高效推理机制。

5）新开发的更专业的 AI 架构。2024 年 3 月 7 日，加利福尼亚大学的研究人员推出一种名为 CyberDemo 的新型人工智能架构。该架构通过视觉观察支持机器人的模仿学习，减少对物理硬件的依赖，使得远程和并行数据收集变得可能。此外，2024 年 3 月 11 日，卡内基梅隆大学开发的 H2O 架构，通过强化学习实现了人对人形机器人的实时全身遥控操作。该架构使人形机器人能够在仅使用 RGB 摄像头的条件下，模仿并实时执行各种运动，如行走、后空翻、踢球、转身、挥手、推动和拳击等。为达到这一技术突破，研究团队提出了一种可扩展的"从模拟到实际"的处理流程，创建了大规模人类运动数据集，为人形机器人提供了实时全身遥控操作的训练样本。

2.2.2　多模态和跨模态：更好地理解现实世界的多样化

新一代大模型正呈现出多模态和跨模态的发展趋势。这主要是因为现实世界中的信息通常是多样化的，因此需要能够处理多模态和跨模态数据的模型，以便更好地理解和分析这些数据。OpenAI 在其多模态模型 GPT-4V 的系统简介中提到：将其他数据类型（比如图像数据）融入大型语言模型，是 AI 研究与发展的新方向。此外，Sora 文生视频工具一经亮相，即引发热烈讨论，并被认为是大模型领域的一个重要突破。

1）多模态大模型能够处理并整合不同类型数据。利用来自不同感官或交互方式的数据进行学习的方法，已经不再限于处理传统的自然数据，例如文字、图像和视频。它能够处理来自各种传感器的信息，包括激光雷达点云数据、3D 红外成像结构信息、4D 毫米波雷达时空信息，以及各种生物领域的数据类型，如蛋白质、细胞、基因和脑电等。这些能力使得多模态大模型能更全面地理解和处理复杂的信息，从而提高模型的表达能力、扩大应用范围。多模态大模型具有 4 个显著特性。

- 数据融合：将来自不同模态的数据结合在一起，以创建一个综合的数据表示。
- 信息互补：不同模态的数据可以互相补充，提供一个更全面的视角。例如，文本可以提供图像中缺失的上下文信息。
- 复杂交互处理：在情感分析或语义理解时，多模态模型能够提供更丰富的信息。

- 应对不完整或不准确的数据：某个模态的数据存在问题，其他模态的数据也可以提供有用的信息，从而降低整体误差。

2）数据量增大和算力提升推动多模态大模型快速发展。多模态学习起源于 20 世纪 90 年代，彼时计算机视觉与自然语言处理技术已开始发展。然而，直到 21 世纪初，多模态学习才真正引起广泛关注。这主要是因为随着数据量的增大和计算能力的提升，AI 系统能够处理更多种类的数据，并利用这些数据来提升性能。当前，多模态大模型主要应用场景如下。

- 健康医疗：在医疗诊断中，通过结合医学影像（如 X 光片、MRI 扫描）和病人的文本医疗记录来提高疾病诊断的准确性和效率。
- 情感分析：通过分析文本、语音语调和面部表情的组合，可以更准确地识别和分析人们的情感和态度。
- 自动驾驶：结合摄像头、雷达、文本（如交通标志解读）等多种模态的数据来做决策。

3）跨模态大模型可以在不同模态（如视觉、听觉、触觉等）之间进行信息融合和理解。这种方法涉及从一个模态（例如文本）提取信息，并利用这些信息来理解或增强另一个模态（例如图像或声音）的内容。跨模态的核心在于探索和利用不同模态之间的相关性和互补性。跨模态具有 4 个显著特性。

- 输入和输出的数据形式不同：能够将一个模态的信息转换为另一个模态的信息，例如从文本信息转换为图像信息或从图像信息转换为文本信息。
- 联合特征提取：从多个模态中提取并结合特征，以实现更有效的数据分析和理解。
- 跨模态关联：识别和利用不同模态数据之间的内在联系，如图像内容与相应文本描述之间的关系。
- 处理非对称数据：在某些情况下，一个模态的数据可能比另一个模态的数据更丰富或详细。跨模态学习可以处理这种非对称数据，优化信息的使用和理解。

4）跨模态技术可以提高模型的性能和泛化能力。大模型能更好地理解和处理复杂数据是一个未来的理想状态。在这种状态下，大模型将具备跨模态的泛化理解和生成能力，更符合人类对世界的感知方式，有可能进一步拓展 AI 的能力上限。跨模态大模型主要应用场景包括：图像与文本的互转，即模型能够通过学习从图像生成描述性文本；相反，也能从文本生成对应的图像。视频内容的理解与生成，即模型能从视频中提取信息，并生成文本描述，如视频摘要；或根据文本描述生成对应的视频片段。例如，2024 年 OpenAI 推出的视频生成模型 Sora，可以根据简短的文字提示转化为长达 1min 的高清视频，这正在颠覆并重塑人们的生活娱乐方式。智能助手与交互系统，即模型可以通过理解用户的语音指令提供视觉反馈，或通过分析用户的表情和手势来理解其意图。

目前，多模态、跨模态是大模型发展的趋势。各大机构争相推出多种新型多模态、跨模态大模型。最新研究表明，未来这些模型将会变得更丰富、更智能和更高效，具体趋势如下。

- **融合更丰富的数据类型**。目前主流的模态主要包括图像、视频、音频和文本等。现实世界中，更多模态的信息更加多样化，如网页、热图等。例如，Meta 提出的 ImageBind 模型具有模拟人类大脑感知并关联多模态数据的能力，这个模型集成了文本、音频、视觉、运动、温度、深度 6 种模式的数据流。

- **更智能的响应系统**。目前的大模型虽能完成很多任务，但在对话和按指令执行方面还有提升空间。多模态大模型需面对理解复杂指令、维持连贯对话以达成更高层次的任务目标等挑战，而不仅仅是执行简单操作。例如，Salesforce 追求构建一个结合视觉与语言的全能模型，于 2023 年 5 月发布了 InstructBLIP 大模型。

- **进一步优化多模态大模型架构**。许多研究者正在寻找优化方案，以减少多模态大模型的算力资源消耗。例如，通过使用较少的基础训练资源，更高效地启动多模态系统，将大规模语言模型（LLM）作为多模态大模型的先验知识和认知提升推动力，从而加强多模态模型的性能并降低计算开销。

2.2.3　智能体：拥有自主解决问题的能力

智能体是大模型应用发展的重要方向，其目标是实现自主规划任务、开发代码、调动工具以及优化路径等功能。这些功能使得大模型能在实际问题处理上表现得更加全面和主动。Octane AI 的首席执行官及联合创始人 Matt Schlicht 将其定义为"由 AI 赋能的程序，当给定一个目标时，它们能够自行创建任务、完成任务、创建新的任务、重新确定任务列表的优先级、完成新的首要任务，并不断重复这个过程，直到达成目标"。

智能体的投入呈现出迅速增长的趋势，应用场景十分广泛。近两年来，针对智能体的研究投入增幅达到300%。大模型市场的玩家们纷纷投入这一领域。目前，国外在零售、金融、游戏、交通运输、医疗以及制造等多个领域已广泛应用智能体。例如，在零售业务场景中，智能体可以提供个性化推荐、改善供应链管理并增强客户体验；亚马逊在 2023 年 9 月发布的 Alexa 就是一个可以推荐产品、下订单和跟踪发货的智能体。在金融领域，它们能够分析财务数据、检测欺诈行为并提出投资建议；嘉信理财采用了名为 Intelligent Portfolio 的智能体，根据客户的投资目标创建和管理投资组合。在交通运输领域，智能体协助进行路线规划、交通管理和车辆安全保障。例如，特斯拉的 Autopilot 可帮助驾驶员停车、变道和安全驾驶。在游戏领域，智能体展现出接近人类的游戏策略和决策水平。谷歌的 DeepMind 于 3 月 14 日公布的 SIMA 智能体，只需用户口头提供简单的自然语言指令，即可在游戏中执行广泛任务。在医疗领域，智能体可帮助诊断、治疗和监测患者。IBM 的 Watson Health 就是一个能分析医疗数据、识别潜在健康问题并推荐治疗方案的智能体。在制造领域，智能体可优化生产流程，预测维护需求，提高产品质量。例如，通用电气使用名为 Predix 的智能体实时监控机器，以预测和防止设备故障。

尽管当前智能体仍处于早期开发阶段，但它们已经展示出令人印象深刻的成果，未来将会是一个非常有前景的领域。

（1）拥有强大的自主学习能力

这包括模型的自我迭代、升级和优化，目的是实现更智能化的功能和应用。也就是说，模型能够根据新数据自动调整和优化自身的结构和参数。这不仅提升了模型的适应性，也能够在复杂和动态的环境中持续有效地工作。例如，在 2023 年 5 月，英伟达的 Voyager 通过自主编写代码，在《我的世界》中实现了全场景的终身学习，完全不需要人类插手。

（2）具备高度的自主性

这表示模型能够在没有人类干预的情况下，独立完成一系列任务，包括决策、规划和执行等。例如，你只需提供一个目标，如编写一个游戏或开发一个网页，它就会根据环境的反应以独白的形式生成任务序列并开始工作。在 2024 年 3 月 14 日，Google 的 DeepMind 公布了类似人类的智能体产品 SIMA。该产品在全新环境中具有强大的泛化能力，使用简洁且通用性高，还具备可扩展、可指导的特征。

（3）良好的交互性和协作性

这使得 AI 能够与其他智能体或人类进行有效的沟通和合作。

例如，在 2023 年 4 月，斯坦福大学与 Google 的研究者共同创建
的西部世界小镇中，有 25 个可以模拟人类行为的生成式智能体。
给其中一个智能体伊莎贝拉设定了组织一场情人节派对的目标。
以这一目标为基础，伊莎贝拉会邀请其闺蜜玛利亚共同布置派
对，并主动与遇到的角色进行交谈，邀请他们参加派对。最终，
大多数智能体听说了这场情人节派对，并约定相同的时间出席。

2.2.4 具身智能：让大模型走进物理世界

具身智能作为大模型技术发展的一个热门方向，正在逐渐从
理论走向实践，从实验室转移到现实世界。该领域的核心是将智
能系统与物理实体结合，通过感知、认知和交互来理解并影响周
围环境，例如机器人或其他自动化系统。这类技术的发展使得大
模型技术不局限于虚拟世界，而且能够与真实世界的物理环境和
物体直接交互。依托于大模型强大的数据处理和分析能力，这将
带来一个更加智能化、互动化的未来。

目前，具身智能已经成为国际学术前沿研究的热点方向。包
括美国国家科学基金会在内的多个机构都在推动具身智能的发
展，并将其作为一个重要主题。例如，加州大学伯克利分校的
LM Nav 项目利用了 3 个大型模型——视觉导航模型 ViNG、大
型语言模型 GPT-3 以及视觉语言模型 CLIP，使机器人能够在不
查看地图的情况下，根据语言指令到达指定目的地。围绕工业、
商业服务、家庭服务等领域，具身智能将实现大模型技术商业应
用场景的实际落地。比如，在工业领域，具身智能可以完成一些

对精度和柔性有一定要求的任务，并在特定工序上达到与人类相近的水平。在商业服务领域，具身智能不仅可以在垂直场景中完成更多复杂任务，还能跳出封闭场景，与人类进行更多交互。未来，具身智能可以真正融入人类社会，从事各种社会职业。在家庭服务领域，具身智能以人的形态，成为全能的家庭助手，甚至成为新一代的家庭成员，提供超出功能性的情感价值。

随着具身智能算法的不断成熟和硬件的稳定提升，具身智能在形态多样化、环境感知与交互、强化学习与适应能力等方面有望取得显著提升。

（1）形态更加多样化

具身智能不仅包括人形机器人，还包括宠物机器人、工业机器人以及自动驾驶等多种形态。这些机器人能像人一样与环境交互、感知、自主规划、决策、行动、执行。它们的实现利用了人工智能领域的多项技术，包括计算机视觉、自然语言处理、机器人学等。在这个领域，关键是如何使模型更好地理解和适应物理世界的复杂性和不确定性。微软团队也在探索如何将OpenAI研发的ChatGPT扩展到机器人领域，以直观控制机械臂、无人机、家庭辅助机器人等。

（2）环境感知与交互更加丰富

具身智能能够感知并理解周围环境，通过与环境的交互来学习和适应。这使智能体能够自主规划和决策，并完成一系列任务。例如，上海人工智能实验室新推出的OpenPAL是一个具备环境自适应能力的具身智能框架。它以大语言模型为基座，融合视觉信息、环境信息、策略空间等通用多模态知识，具备了对现实世界理解的能力。2024 年 3 月 14 日，Figure AI 发布视频展示其 Figure 01 机器人如何借助 OpenAI 的大模型能力，实现对环境的深度理解。Google 计划探索史上最大的视觉—语言模型 PaLM-E 在现实世界场景中的更多应用，例如家庭自动化或工业机器人，希望 PaLM-E 能够激发更多关于多模态推理和具身智能的研究。

（3）强化学习与适应能力

具身智能具备强大的学习和适应能力，能够通过不断交互和学习来优化自身的行为策略，提高任务执行效率和准确性。例如，OpenPAL 通过联合训练方法实现面对未知环境时，可以自我探索学习并进化。2024 年 1 月，斯坦福大学发布了一项突破性成果——机器人 ALOHA 成功克隆人类行为和任务，对浇花、扫地、做饭、叠衣服等家务活样样精通，甚至能为自己充电。

2.2.5 生物智能：推动硅基和碳基生命的融合

生物智能是一个跨学科的研究领域，结合了生物学、计算机科学、认知科学等多个学科的知识和方法。它有望推动硅基生命和碳基生命的融合，为人工智能的发展提供新思路。通过模拟生物神经网络的结构和功能，大型模型能够更深入地理解和学习生物智能的机理，实现更高级别的智能行为。这有助于推动 AI 朝着更自然、更高效、更智能的方向发展。

以生物神经网络为例，研究者通过模仿生物大脑中神经元之间的连接和通信方式，构建出具有强大学习和推理能力的神经网络模型。例如，模型正则化优化技术 Dropout 受神经动力学内在随机性的启发；注意力机制与神经网络的结合受人类注意力系统启发，这种结合能训练神经网络动态地关注或忽视输入的不同方面，进而进行有效的决策计算；遗传算法受生物进化论的启发，智能算法系列（如蚁群算法、鱼群算法）受生物群体行为和集体智慧现象的启发。

目前，生物智能仍处于发展初期，主要应用集中在生物医学科研领域。科学家们运用这一技术整合各类生物大脑的研究成果，进一步探索脑机制、启发类脑智能、治疗与大脑相关的各种疾病。随着生物智能的不断深入发展，结合大模型和生物技术的应用广泛涵盖人体、人脑、医疗机器人和生物体等方面。脑机接口和数字孪生大脑预计将成为生物智能最先取得突破的两个重要方向。

（1）脑机接口成为生命进化新形态和新高度

早在 1973 年，美国科学家 J. Vidal 就提出了一个概念，即通过安装在头部的电极捕捉和分析大脑产生的电信号。这些信号在经过数字化和解码后，可以转换成计算机或其他设备能理解的命令信号，从而实现与计算机及其他设备的交互。目前，这一技术已被广泛应用于医疗健康领域，其终极目标是促进硅基器件与碳基生命的融合，开创生命进化的新形态和新高度。例如，通过脑机接口，人们可以仅凭思维来控制外部设备，帮助残疾人恢复日常生活功能。2024 年 1 月，特斯拉和 SpaceX 首席执行官 Elon

Musk 宣布，其旗下的脑机接口公司 Neuralink 已成功完成首例人类大脑植入手术，目前患者恢复情况良好。同时，清华大学与宣武医院的团队也成功进行了首例无线微创脑机接口临床试验，使脊髓损伤患者实现了自主控制喝水，这被视为脑机接口康复领域的突破性进展。脑机接口的应用还可扩展至智能家居和智能办公等场景，例如用户可以通过脑机接口直接控制家居与办公设备的开关和调节功能，这极大地提高了生活的便利性和工作效率。同时，生物智能能够学习并适应用户的习惯，提供更加个性化的服务。

（2）数字孪生大脑为决策提供强有力的支持

通过大量的神经影像学和神经生物学数据，我们结合人工智能技术来模拟或模仿生物脑功能，从而形成类脑人工智能系统。其核心原理包括数据采集、数据建模和数据分析，通过这一流程实现对现实世界中物理实体或系统的全面、实时数据采集。基于数据和模型，系统能够模拟和预测物理实体的行为，进而为决策提供有力支持。此外，数字孪生大脑还具备强大的学习和优化能力，能够不断地优化模型，以提高预测和决策的准确性。例如，复旦大学类脑智能科学与技术研究院已搭建了数字孪生脑平台，其与原脑的相似度高达 90%。通过对比生物脑与数字孪生脑之间的决策模式的差异，为类脑人工智能的发展提供更多有力的支持。

|第3章| CHAPTER

大模型基础设施：
成本高昂的"暴力美学"

　　在人工智能的三大支柱——算法、算力、数据中，算力是AI落地的决定因素，而数据则决定了人工智能性能的上限。在由大模型引领的AI新时代，算力和数据正面临新的发展机遇。

　　本章将介绍大模型背后的算力基础设施和数据基础设施。首先，关于算力基础设施，本章将从深度学习原理入手，逐步探讨大模型所需的算力量级、算力来源以及算力的物理载体部署等问题，并简要介绍后摩尔时代算力基础设施——量子数据中心。其次，对于数据基础设施，本章将重点介绍数据采集、数据标注、合成数据以及向量数据库等方面的意义和最新进展。

3.1　算力基础设施

算力是指设备在单位时间内完成计算任务的能力，单位是 FLOPS（Floating Point Of Operation，每秒浮点运算次数）。一次浮点运算相当于计算机执行一次基本的四则运算（加、减、乘、除）。根据底层物理承载，算力通常可分为 3 类：通用算力（由 CPU 提供）、智能算力（由 GPU 等 AI 芯片提供）和超级算力（由超级计算机提供）。因此，算力基础设施主要包括 CPU、GPU 等芯片及其组成的服务器，多台服务器构成的计算集群，服务器所在的数据中心。

3.1.1　智算集群：为大模型提供算力

1. 大模型需要多少算力，从深度学习原理说起

大模型作为深度神经网络模型，其训练阶段和推理阶段所需算力取决于深度神经网络算法原理。

深度神经网络训练过程可大致分为 3 个步骤。

（1）前向传播

在这个过程中，训练样本从深度神经网络的输入层通过各隐藏层传递至输出层。从数学角度来说，任意一层 L 上的任意神经元 $X^{i,l}$ 的输出，等于它上一层 $L-1$ 中的每一个神经元（从 $X^{1,l-1}$ 到 $X^{n,l-1}$）的输出与其和 $X^{i,l}$ 之间的权重 W（从 $W^{1,l}$ 到 $W^{n,l}$）的乘积

之和。当权重 W 的数量为 N 时，$X^{i,l}$ 在前向传播过程中需要完成 N 次乘法和 $N-1$ 次加法，共计 $2N-1$ 次运算。当 N 足够大时，这个运算次数可近似为 $2N$。

（2）反向传播梯度

经过前向传播后，每一层输出的实际值与预测值通常存在差异。损失函数来衡量这种差异，可用来计算每个权重的梯度。反向传播是将梯度从输出层向输入层传递的过程。简而言之，第 L 层上的任意神经元 $X^{i,l}$ 需要将从 $L+1$ 层的每一个神经元 X^{l+1}（从 $X^{1,l+1}$ 到 $X^{n,l+1}$）收到的梯度与自身之间的权重 W 相乘并求和。同样，当权重 W 的数量为 N 时，$X^{i,l}$ 在反向传播过程中也需要完成 $2N$ 次运算。

（3）梯度下降

通过反向传播，我们可以计算出每个权重的梯度（即损失函数对权重的偏导数）。使用这些梯度来更新权重，可以使每一层输出的实际值更接近预测值，这就是训练的目的和意义。这个过程称为梯度下降。具体而言，对于 $L-1$ 层上的每一个神经元（从 $X^{1,l-1}$ 到 $X^{n,l-1}$）与 L 层上的任意一个神经元 $X^{i,l}$ 之间的任意一个权重 $W^{i,l}$，更新方法是 $W^{i,l}$ 当前值减去 $X^{i,l-1}$ 的输出与该权重对应误差的乘积。因此，梯度下降过程中每更新一个权重需要进行 2 次运算。

这些计算是深度神经网络训练中几乎所有计算量的来源。在估算算力需求时，我们可以忽略其他的向量和函数计算。另外，当深度神经网络用于推理时，权重已固定，无须更新，仅涉及前向传播过程。

综上所述，大模型的算力需求可使用以下公式测算：

$$训练阶段算力需求/Token = 6 \times 模型参数数量$$

$$推理阶段算力需求/Token = 2 \times 模型参数数量$$

其中，模型参数数量即权重数量，单位为个，如 OpenAI 的 GPT-3 的参数数量是 1750 亿，通常记为 175B（B 代表 Billion，即十亿）。

至于 Token 的数量，模型参数数量越多，在训练阶段就越可以使用更大规模的数据集；而在推理阶段，大模型可支持的上下文也越来越长，如 OpenAI 的 GPT-3.5 经历 3 次升级后可支持上下文 Token 数量从 4000 增长至 1.6 万，GPT-4 则从 8000 增长至 3.2 万；OpenAI 最强竞争对手 Anthropic 打造的 Claude 2 大模型，更是一次性将上下文长度扩展至高达 10 万个 Token。

那么，大模型究竟需要多少算力？让我们一起做道应用题。

某大模型 A 的参数数量为 1750 亿，训练数据规模为 3000 亿个 Token，上线后日活用户为 1 亿，每用户平均每日与 GPT-3 进行 10 轮对话，每轮对话输入加输出平均产生 2000 个 Token（约 1500 个单词），同时假设用户对话线性依次发生。计算该大模型在训练阶段需要多少算力，在推理阶段每日需要多少算力？

对于这道应用题，基于前述算力测算公式，可以得出表 3-1 所示的结果。

表 3-1　算力测算

	训练	推理 / 日
模型参数数量 / 个	1750 亿	1750 亿
Token 数量 / 个	3000 亿	20000 亿
每轮对话 Token 数量 / 个	/	2000
对话轮数 / 轮	/	10
日活用户 / 个	/	1 亿
算力 /FLOPS	3.15×10^{23}	7×10^{23}
算力当量 /PFLOPS-Day	3646	8102

可以看到，对于具有千亿参数的大模型，我们必须借助 10^{23} 这种天文数字来描述其算力需求。因此，算力当量的概念应运而生。它使我们能够用更常见的数量级来表达大模型的算力需求。随着大模型的参数和数据规模持续跨越性地增长和突破，其算力需求也持续高速扩张，甚至可能成为制约大模型发展的终极因素。刘慈欣在探讨 AI 时表示："我们人类的计算能力是有限的，我们能提供的算力不足以支持人工智能的进一步迭代。这是一件颇具讽刺意味的事情，我们人类的无能最终成为我们的最后一个障碍。"

2. 海量算力从哪来，智算集群显身手

根据上述结果，我们再来做道应用题。

㊀ 算力当量指一台每秒运算千万亿次的计算机完整运行一天所需要的算力总量，单位为 PFLOPS-Day(PD)，1 PD=86400 PFLOPS。

㊁ 摘自刘慈欣在 2023 年 4 月联合国中文日上发表"科幻文学中的可持续未来"演讲后就"人工智能是否会消灭人类"问题的回答。

设英伟达 H200 Tensor Core GPU 用于大型模型 A 的训练和推理时，均采用 FP16 精度运算，假设有效算力比为 0.3，则在训练和推理阶段各需多少张 GPU。

英伟达 H200 用于神经网络时算力峰值可达 1979 TFLOPS（FP16 Tensor Core），按此可以推导出表 3-2 所示结果。

表 3-2 GPU 数量推算

	训练	推理 / 日
算力 / PFLOPS	3.15×10^8	7×10^8
GPU 算力峰值 / TFLOPS	1979	1979
单 GPU 运行时长 / 秒	5.31×10^8	1.18×10^9
单 GPU 运行时长 / 日	6141	13646

在训练阶段，我们需要 6141 张 H200 GPU 连续工作 1 天，而在推理阶段，每天则需 13646 张 H200 GPU 连续运行。这些数字仅是理论值，实际需求往往只增加不会减少。

一般而言，一台服务器通常配有 8 张 GPU。显然，单 GPU 或单服务器的计算能力无法满足大模型的需求，因此，必须利用分布式并行计算。这种方式包括数据并行、流水线并行和张量并行，将计算任务分配至成百上千台服务器。这些服务器组成了所谓的"计算集群"或"智算集群"，后者突出了它所提供的是智能算力。如 OpenAI 就在 Microsoft 提供的包含 1 万张 NVIDIA V100 GPU 的智算集群上训练 ChatGPT，而 Meta 则在使用超过 4.9 万张 NVIDIA H100 GPU 的两个智算集群上训练 Llama-3。

在分布式计算环境中，服务器之间需要频繁进行数据交换和通信。因此，除 GPU 的计算性能外，单服务器内部 GPU 之间的通信及多服务器间的通信对智算集群的性能非常关键，决定了集群性能是否能随着 GPU 和服务器数量增长而线性扩展。

NVIDIA 作为 GPU 的创始者及全球市场领先者，在 GPU 间通信和服务器间通信方面处于领导地位。关于 GPU 间的通信，NVIDIA 的 GPU 直接互连技术 NVLink 已在 2024 年升级至第五代，带宽高达 1.8 TB/s，是第五代高速串行计算机扩展总线 PCIe 5.0 带宽（128 GB/s）的 14 倍。此外，NVIDIA 还通过节点交换架构技术 NVSwitch 扩展节点间的 NVLink 连接，使得 NVLink 网络可以连接最多 576 个 GPU，构建数据中心级的多节点 GPU 集群。

关于服务器间的通信，2019 年英伟达以 69 亿美元的出价成功击败分别出价 60 亿美元和 55 亿美元的英特尔和微软，收购了在高性能、低延迟集群互联技术 InfiniBand 全球市场占据绝对主导地位的公司 Mellanox。2021 年，英伟达推出了带宽高达 400 Gbit/s 的 Quantum-2 InfiniBand 交换机；到了 2024 年，因应大规模 AI 需求，又推出了带宽高达 800 Gbit/s 的 Quantum-X800 InfiniBand 交换机。除此之外，RoCE（RDMA over Converged Ethernet）作为当前业界的另一主流选择，目前已发展至第二代（即 RoCEv2）。RoCEv2 能够通过标准的以太网、IP 和 UDP 等协议实现 RDMA，其性能和延迟接近 InfiniBand 标准。由于以太网长期是服务器间通信的主流技术，客户无需将现有网络基础设施升级为价格高昂的 InfiniBand，从而有效节省成本。

此外，云服务商如 AWS（Amazon Web Services，亚马逊

云科技）也在自主研发适配其云服务器实例的网络传输和接口技术，以构建强大的云计算基础设施。2019 年，AWS 推出了专为其数据中心设计的网络传输协议 SRD（Scalable Reliable Datagram）。基于自研虚拟化系统 Nitro 设计的 SRD 协议支持乱序交付、等价多路径路由、快速丢包响应、可扩展传输卸载等功能，有效提升网络吞吐能力并大幅降低传输延迟。同年，AWS 首次推出了为其云服务器实例 Amazon EC2 研发的网络接口 EFA（Elastic Fabric Adapter），并持续进行迭代更新。利用 EFA，AWS 得以构建由数千至上万 Amazon EC2 服务器组成的超大规模计算集群 Amazon EC2 UltraClusters。这为分布式机器学习训练和高性能计算工作负载提供了丰富的算力。例如，2023 年，AWS 推出了加速计算实例 Amazon EC2 Trn2，单实例包含 16 张自研 AI 训练芯片 Trainium2，并可以通过 Amazon EC2 UltraClusters 扩展至多达 10 万张 Trainium2，实现高达 65 EFLOPS 的超大规模算力，以满足客户需求。

提高智算集群的整体性能不仅需要增加 GPU 和服务器的数量，追求性能的线性提升，也需要提升 GPU 自身性能。算力峰值、内存容量和内存带宽成为升级的重点。首先，以英伟达的 GPU 为例，其算力峰值从 A100 SXM 到 H100 SXM 提升了 2 倍，由 624 TFLOPS 提升至 1979 TFLOPS（FP16 Tenser Core），这意味着单张 GPU 可以承载更多的计算任务。其次，讨论内存容量和内存带宽前，需要讲下冯·诺依曼架构。市面上的商用 AI 芯片，无论通用芯片如 GPU/FPGA，还是专用芯片如 ASIC，基本都采用这种架构，即计算单元与存储单元分开。在芯片运算时，数据需由存储单元读取到计算单元。长期以来，由于存储单元被视为计算单元的辅助，处理器性能每年以约55%的速度增长，而内存性能的增长速度仅为10%。这不仅使存储速度远远落后于处理器计算速度，也导致存储带宽成为计算系统有效带宽的主要瓶颈。考虑到大模型的训练和推理需要在计算单元和存储单元之间频繁移动数据，因此，大内存和高内存带宽也成为AI芯片升级的重点。例如，英伟达的H200 GPU与上一代H100相比，虽然算力峰值保持不变，但内存容量从80 GB增至141 GB，内存带宽从3.35 TB/s提升至4.8 TB/s，均有显著的提升。

既然提到了冯·诺依曼架构，接下来再谈谈存算一体这种新型芯片架构。存算一体架构避免了计算单元和存储单元间的数据传输，从根本上解决了冯·诺依曼架构中存在的"存储墙"和"带宽墙"问题。由于数据传输消耗能量，存算一体架构通过减少数据搬运，节省了大量能耗。与冯·诺依曼架构相比，存算一体架构的能效比可提高2~3个数量级，因而解决了"功耗墙"问题。因此，性能高且功耗低的存算一体芯片可以有效满足大规模深度学习的高算力需求，并解决随之增加的高能耗问题。这使其成为AI芯片研发的前沿方向。存算一体的实现方法主要有3种。第一种方法是在DRAM等现有存储器上添加逻辑计算电路。第二种方法是利用3D堆叠存储技术，在已有的逻辑层上进行数据处理，或者将内存与处理器直接相连。例如，HBM产业领导者SK将HBM4通过3D堆叠技术直接集成在处理器上，并在与英伟达等多家处理器厂商进行洽谈，预计于 2026 年开始量产。第三种方法是采用新型 NVM（非易失性存储器），实现同时计算和存储。这一技术目前尚处于起步阶段。

3.1.2　智算中心：为智算集群提供场所

智算集群的物理形态是由高速网络连接起来的多台计算和存储设备，这些设备放置在被称为"数据中心"的场所。简而言之，数据中心内部装有多个机架（也称"机柜"），每个机架上都放置了众多服务器、硬盘和交换机等计算、存储和网络设备。根据主要计算设备的输出算力形态（通用算力、智能算力和超级算力），数据中心可以分为通算中心、智算中心和超算中心。显然，大模型等各类 AI 应用所依托的物理场所有智算中心。

近年来，随着 AI 产业的发展，我国智算中心的建设进程显著加快，由 ChatGPT 引领的智算中心建设热更是不断升温。截至 2023 年 7 月，我国在建和已投运的智算中心共有 53 个。这些中心大多集中在经济发达地区，京津冀、长三角、粤港澳地区共有 31 个，占总数的 60%。在建设主体方面，有 34 个中心由政府主导，19 个由电信运营商、互联网和云服务商、智能汽车制造商等企业主导。运营模式主要包括投资方运营、承建方运营、投资方与承建方共同运营。从建设规模来看，拥有 100～300 PFLOPS 算力的小型智算中心占大多数（超过 70%），而算力超过 1 EFLOPS 的大型智算中心仅占 25%。

由前文可知，高性能、低延迟的网络对构建大型高性能智算集群至关重要。然而，当前数据中心间的网络性能与大模型训练理想网络性能指标仍有差距。因此，大模型的训练需在单个智算中心内完成，这对智算中心的规模提出了较高要求。算力规模在 1 EFLOPS 以上的 E 级智算中心已经成为智算中心建设的重点方向。例如，阿里云的张北超级智算中心建设规模高达 12 EFLOPS，中国电信中部智算中心（位于湖北武汉）和京津冀智能算力中心（位于天津武清）均具备 5 EFLOPS 智算能力。除了大型智算中心，随着大模型逐步应用到各种场景，对边缘智算中心的需求也在不断增加。光纤传输通常每增加 100 千米导致 1ms 的延迟。相较于中心节点，边缘智算中心更靠近业务地点，可以有效降低延迟，适合承担大模型推理任务。

算力上是通过消耗电力获得的，因此大模型在加速智算中心建设的同时，也加剧了智算中心的能耗挑战。根据对 GPT-3 算力需求的测算，按照其在训练阶段使用英伟达 V100 GPU 进行估算，其耗电量达到吉瓦时级（GWh，1 GWh 相当于 100 万千瓦时电）。Digital Information World 发布报告称，数据中心为训练 AI 模型而产生的能耗是常规云计算工作的 3 倍。在推理阶段，大模型的能耗随业务量的增长而迅速增加。《纽约客》报道称，ChatGPT 的日耗电量可能超过 50 万千瓦时，这相当于美国家庭平均用电量的 1.7 万倍。马斯克在 2023 年预测称：两年内将由"缺硅"变为"缺电"，这可能会阻碍 AI 的发展。

由此可见，智算中心的节能减碳是势在必行的。通常，数据中心采取的节能减碳措施包括降低非 IT 设备的能耗、提高 IT 设备效率及降低耗能、增加绿色电力的使用等。

其一，降低非 IT 设备的能耗。这主要包括降低制冷系统的能耗，可以通过使用 PUE[⊖]不高于 1.2 的液冷系统来替代 PUE 通常超过 1.5 的风冷系统，同时更多地利用山洞、海底等自然冷源。尤其对于功率远高于 CPU 服务器的 AI 服务器，以英伟达 DGX A100 为例，其功率为 6.5 kW，是一般的 CPU 服务器的 6～8 倍。按照通常一个机架放置 7 台服务器计算，单个机架的功率可达 45.5 kW，而风冷系统能够处理的最高机架功率密度为 30 kW，因此，由于能耗和机架功率密度的限制，液冷系统成为智算中心的必然选择，例如，中国电信上海临港智算中心建有我国首个国产单池万卡液冷算力集群。

其二，提高 IT 设备的效率和降低能耗。这包括提升服务器芯片的性能，使其在相同的耗电量下处理更多的计算任务，以及使用低功耗的闪存来代替传统的机械硬盘等。例如，英伟达 GPU H100 PCIe 的 AI 算力（FP16）达到 1513 TFLOPS，是上一代 A100 PCIe 的 2.5 倍，最大功率都维持在 300 W。

其三，增加绿色电力的使用。这意味着要充分利用风能、太阳能等清洁能源。这些能源不会产生碳排放。针对绿色电力供应受地域、时间、天气等因素的影响，我们可以通过源网荷储、绿电响应等策略加以解决。其中，绿电响应是根据绿电供应调整算力，实现计算任务与可再生能源的最佳匹配。这种调度既可以

⊖ PUE：电能利用效率，是数据中心总能耗与 IT 设备能耗的比值，是评价数据中心能源效率的指标。

在时间维度进行，也可以在空间维度进行。在空间维度的调度需要依赖分布在各地的智算中心和高速网络（即算力网络）。算力网络通过屏蔽地域和距离的差异，灵活调度云、边、端等各级计算资源、存储资源和网络资源。它不仅有助于智算中心更早实现脱碳目标，还可能促使多个小型智算中心在逻辑上组成一个大型智算中心，提升它们的价值。这一进步将依赖于长距RDMA（远程直接数据存取）、更高速的全光互联和新型光纤等关键技术的突破。

3.1.3 大模型一体机："大模型 + 算力"融合交付新形态

大模型的核心在于利用数据提升生产力。因此，对于政务、金融等对信息安全要求严格的客户来说，数据安全和隐私保护的顾虑成了限制大模型实施的一个主要因素。为解决这一问题，"模型 + 算力"的一体化交付方式应时而生。全栈式大模型一体机不仅能够一次性、端到端地满足客户对 AI 应用、大模型、向量数据库、智能计算、存储和网络的需求，还可以被私有化部署到客户指定的位置，确保数据不外泄。例如，科大讯飞与华为合作推出了星火一体机。该机器基于科大讯飞的星火认知大模型和华为的昇腾 AI 基础软硬件能力，为客户提供了"算力 + 模型"的一体化解决方案。又如，中国电信的天翼云慧聚模型服务平台支持私有云或专有云的部署，并提供最小单机柜的交付方式。

3.1.4 量子数据中心：后摩尔时代的算力基础设施

OpenAI 指出，人工智能的计算量每年增长 10 倍，这已经大幅超出了摩尔定律的预测。摩尔定律曾预测，集成电路上的晶体管数量每 18～24 个月翻一番。目前，受芯片的经济成本、散热能耗、尺寸极限等因素的影响，晶体管数量的增长速度实际上已经落后于摩尔定律，约每三年才能翻一番。这使得与人工智能对数据处理能力的需求之间的差距进一步加大。为应对这一挑战，业界一方面通过精进制造工艺、改进晶体管结构、垂直堆叠芯片、寻找超越 CMOS 的新型器件等措施，力图延续摩尔定律；另一方面，希望依靠量子计算等颠覆性计算模式来打破后摩尔时代的算力危机。

在经典计算机中，一个比特的取值仅有 0 和 1 两种状态。而一个量子比特可以同时处于多种状态（即叠加态），因此其处理和存储的信息量远大于一个比特，可实现比经典计算机更高速的计算和更高效的算法。例如，我国量子计算原型机"九章三号"求解稠密子图和 Max-Haf 等图论问题的速度，比经典计算机的速度快达 1.8 亿倍。2023 年 6 月，IBM 在《自然》杂志上发表的论文指出，配备超过 100 个量子比特处理器和有效错误缓解技术的量子计算机，其运算规模和精确度有望超越目前领先的经典方法。这标志着量子计算技术正式进入实用阶段。根据 IDC 的预测，全球客户在量子计算上的投资将从 2020 年的 4.12 亿美元增长至 2027 年的 86 亿美元。波士顿咨询的预测则显示，在不考虑量子纠错算法的进展情况下，保守估计到 2035 年全球量子计算应用市场规模将达到近 20 亿美元，而到 2050 年则暴增至 2600 亿美元。如果量子计算技术的迭代速度超出预期，2035 年市场规模可能突破 600 亿美元，到 2050 年则可能飙升至 2950 亿美元。

2023 年以来，全球多国开始推动量子数据中心的建设。2023 年 1 月，中国首个量子 AI 计算中心——太湖量子智算中心正式揭牌。该中心采用了"量子 + 经典"混合智算中心集群的架构。同年 2 月，印度北方邦政府与研究公司 Innogress 签订了一份谅解备忘录，双方计划在大诺伊达建设印度首个量子计算数据中心 IQDC。2023 年 6 月，IBM 宣布在德国建立其在欧洲的首个量子数据中心，这是继 2019 年在纽约建立量子数据中心及量子云区域之后的第二个项目。同月，美国量子计算公司 IonQ 宣布将与瑞士创新园区 uptownBasel 旗下的 QuantumBasel 合作，建立瑞士首个商用量子中心。量子计算机的信息极为脆弱并且需在超低温（−272.78℃）环境下运行，从而限制了其大规模商用的可能，但发展仍在持续推进。

3.2 数据基础设施

大模型回答问题的过程本质上是，预测每一个词语后续最有可能出现的词语的过程。根据信息论，信息是用来消除不确定性的东西。信息量越大，不确定性越低。数据量越大，大模型获取的信息越多，预测出的下一个词语的准确性就越高。因此，大模型是否能生成正确内容，主要取决于数据的基础。在训练阶段，数据的规模、质量、多样性和代表性都将影响大模型"出厂"时的能力水平；而在推理阶段，向大模型提问的方式和内容同样会影响其回答效果。这也是大模型的出现使得可帮助用户提问的提示工程和可实时提供专业知识的向量数据库等逐渐流行的原因。

3.2.1 数据采集：获取大模型所需原始数据

OpenAI 训练 GPT-3 时使用的数据集规模达到千万级 Token。该数据集包括来自维基百科、书籍、杂志期刊、社交媒体平台 Reddit 以及网页爬取的开源数据集 Common Crawl 等的英文、中文、西班牙文、法文、德文等语言的语料。其中，英文语料占比 75%，中文语料约占 3%。而在训练 GPT-4 时，数据集规模提升数十倍，达到十万亿级 Token，并增加了大量图像和视频数据，包括网页截屏和 YouTube 视频等，使 GPT-4 具备了视觉能力。

为了训练出高性能的大模型，首先需要构建大规模、高质量的数据集，其中数据采集是一个关键步骤。目前来看，公开数据是数据采集的主要来源之一。与英文语料相比，公开的中文语料不仅数量较少，优质内容更为稀缺，这给打造高质量的中文大模型带来了挑战。例如，有网友发现，当用英文向谷歌在 2023 年 12 月推出、与 GPT-4 全面对标的超强大模型 Gemini 提出"Who are you"这一问题时，Gemini 能够正确回答"I am a large language model, trained by Google"。但使用中文提问"你是谁"时，Gemini 却错误地回答"我是百度文心大模型"，并在后续对话中错误地使用百度文心大模型的信息。例如对"你的底层是哪个模型"的问题，Gemini 给出的答案是"我的底层是百度自研的深度学习平台飞桨（PaddlePaddle）"。这一现象不仅成为网友调侃的对象，还反映出可用于大模型训练的中文语料十分有限。因此，开源中文数据集成为一个重要的研究方向。2023年8月，上海人工智能实验室发布了"书生·万卷1.0"数据集。该数据集整合了中文和英文数据，覆盖了文本、图像和视频3种模态，数据量超过2TB。在这些文本数据中，中文数据占比超过1/3，主要来源包括互联网、法律法规和判决文件、新闻报道、考试题目与试卷、专利文献、各学科教材、维基百科等；图像数据中，中文数据占比超过3/5，主要源自权威媒体、自媒体、维基百科等；视频数据集主要来自多家大型媒体公司。同年9月，智源研究院发布了大规模文本对训练数据集MTP，开放了超过3亿对用于语义向量模型训练的中英文数据。同年10月，昆仑万维在宣布开源了包含1500万个Token的600 GB高质量数据集Skypile/Chinese-Web-Text-150B，其中中文语料占比近40%，来源包括网页、社交媒体、百科全书、年报与文书等。

3.2.2 数据标注：对原始数据进行加工处理

数据标注是将采集得到的原始数据进行标记、分类和注释，以便机器学习算法的理解与处理。传统上，数据标注需要专业人员投入大量时间和精力，例如OpenAI在肯尼亚聘请了大量低成本劳动力为ChatGPT训练数据。这种需求促生了"数据标注众包平台"的商业模式，比如亚马逊在2005年推出了Amazon Mechanical Turk（简称MTurk），其月活跃用户已达数万。然而，大模型逐渐取代人工成为数据标注的主力，呈现出"用模型训练模型"的趋势。苏黎世大学的研究人员通过对比ChatGPT与

MTurk 标注人员在 5 项不同标注任务中的表现发现，ChatGPT 在 4 项任务中的零样本准确率均高于 MTurk。在标注成本方面，ChatGPT 的单位成本约为 0.003 美元，仅为 MTurk 的 1/5。另外，卡内基梅隆大学、耶鲁大学和加州大学伯克利分校的研究团队在选择数据标注人员进行课题研究时意外发现，GPT-4 在所有数据标注任务中的表现均优于普通标注人员，且在某些任务中与顶级标注专家的表现相当。同时，初创公司 refuel 已经开始推动大模型标注数据的商业化，并推出了一款名为 Autolabel 的自动标注工具。该工具支持用户利用 ChatGPT、Claude 等主流大规模语言模型对数据集进行标注。该公司宣称，使用 Autolabel 可以将标注效率提高最高 100 倍，且成本仅为人工标注的 1/7。

3.2.3　数据合成：弥补真实数据的不足

当前，全球数据量正以前所未有的速度增长，而大模型对训练数据的需求增长速度更快。根据 Epoch AI 研究团队对 2022 年至 2100 年间数据总量及大模型训练数据集规模的预测，高质量的语言数据存量预计将在 2026 年耗尽，低质量的语言数据和图像数据存量则分别在 2030 年到 2050 年和 2030 年到 2060 年枯竭。在这种趋势下，合成数据越来越受到关注。

合成数据是基于计算机模拟技术或算法生成的数据，不包含真实世界事件或现象产生的实际数据，但能在统计学上充分反映真实数据的特征。利用合成数据构建训练数据集有两方面的优势：一方面，通过快速生成大量数据样本以及在生成数据的同时完成数据标注，极大地节省了传统数据采集和数据标注所需时间和精力；另一方面，有效解决了使用真实数据训练人工智能时遇到的数据安全和隐私问题。因此，合成数据正成为数据科学和人工智能领域的一项重要且新兴的工具。Forrester 将合成数据与强化学习、Transformer 网络、联邦学习和因果推理等技术一同列为实现 AI 2.0 的 5 项关键技术。Cognilytica 预测，到 2027 年全球合成数据市场规模将从 2021 年的 1.1 亿美元增长至 11.5 亿美元。Gartner 预测，到 2030 年使用合成数据的 AI 模型将是使用真实数据的两倍以上。

对合成数据前景看好的科技巨头纷纷展开布局。例如，Mcta 收购了合成数据初创企业 AI.Reverie；英伟达为其 Omniverse Replicator 元宇宙平台引入了合成数据能力；微软则开源了合成数据工具 Synthetic Data Showcase。

3.2.4 向量数据库构建：拓宽大模型的知识边界

尽管大模型通过训练已经掌握了丰富的知识，但在实际应用中，仍然会因为缺乏特定的知识而无法解决一些实际问题。为了解决这一问题，我们可以利用向量数据库来帮助大模型掌握更具时效性和专业度的知识。

具体而言，利用向量数据库增强大模型知识储备大致分 4 步。

1）语料准备，即将实时 / 行业 / 企业知识、聊天记录等海量信息上传至向量数据库。

2）问题输入，即利用 Embedding 嵌入引擎将用户输入的问题转化为向量化问题。

3）向量搜索，即将向量化问题输入向量数据库，通过向量搜索引擎计算向量相似度，匹配出 Top N 条语义最相关内容。

4）提示词优化，即将 Top N 条语义最相关内容与用户的问题一起作为提示词输入模型。

近年来，业界对向量数据库的关注度显著提升。黄仁勋在 2023 年英伟达 GTC 大会上提到向量数据库，他强调对于那些构建专有大规模语言模型的组织来说，向量数据库是极为重要的，并宣布 Zilliz 公司成为 NVIDIA 的官方向量存储合作伙伴。AWS 发布了 Amazon OpenSearch Serverless 向量引擎。此举旨在扩展 Amazon OpenSearch 的搜索能力，使用户能够实时存储、搜索并追溯数十亿的向量嵌入，并且可以精确地进行相似性匹配和语义搜索。此外，AWS 的文档数据库 Amazon DocumentDB、NoSQL 数据库 Amazon DynamoDB 和内存数据库 Amazon MemoryDB for Redis 等也已经具备了向量检索功能。微软云为其 Azure 认知搜索服务添加了向量搜索功能，帮助用户利用自然语言在海量的文本和图像数据中挖掘有价值的信息。阿里云针对其云原生数据仓库 AnalyticDB 的向量引擎进行了优化，将生成式 AI 应用的构建和启动时间缩短至 30min。腾讯云发布了 AI 原生向量数据库 VectorDB，这一数据库深度融合 AI 算法到计算层、存储层和数据库引擎，从而提高了 AI 原生应用开发效率。华为云推出了 GaussDB 向量数据库，支持一站式部署，并内置行业领先的 ANN（人工神经网络）算法。

基座模型：硅基智能的涌现与应用探索

以 GPT-4 为代表的基座模型出现标志着人工智能领域的一次重大飞跃。这些模型在语言理解能力上不仅表现出类人的水平，还引发了学界对人类理解能力本质的重新思考。同时，在生成能力和逻辑推理方面，它们也展示出巨大的潜力。通过对海量数据的学习和预测，大模型助力人类在创意发散和逻辑推理上实现质的飞跃。此外，大模型的记忆能力本质上是对海量知识的压缩和快速检索，极大地提升了信息处理的效率。

这些能力的提升将通过 3 种主流的应用模式直接影响消费互联网。这不仅重塑了消费类应用的交互方式，而且催生了 AI 原生应用的发展，为用户带来了更加智能化和个性化的体验。大模型的这些价值和重要性预示着它将成为新的互联网流量入口。这将超越传统搜索引擎，并引领搜索引擎商业模式的变革，在未来的市场格局中扮演关键角色。

4.1　基座模型的智能涌现

基座模型这一词汇最初由斯坦福大学以人为中心的人工智能研究所的 Bommasani 等人提出。这类模型被定义为"以自监督或半监督方式在大规模数据上训练的基本模型，能够适应其他多个下游任务"。狭义上的基座模型通常指基于深度学习算法训练的自然语言处理（NLP）模型。这类模型主要应用于自然语言理解和生成等领域。广义上的基座模型不仅包括自然语言处理模型，还包括机器视觉（CV）大模型、多模态大模型和科学计算大模型等。ChatGPT 的迅速流行促使全世界关注到大模型，并引得比尔·盖茨评价说，ChatGPT 的诞生意义堪比互联网的出现。

所谓大模型的"涌现"能力，指的是大型语言模型在执行任务时展现出的出乎意料的行为、思想或想法。涌现在某种程度上被视为人工智能的智能觉醒。在给定的语言数据任务（例如问答或翻译）中，大模型不仅能"记住"数据，还能"理解"和"推理"数据。通过理解数据中的模式和关系，大模型可以构建内部模型来生成输出内容，这些输出可能包含输入中未明确提及的想法或含义。大模型的涌现具有非线性变化和突发性两大特征。非线性变化意味着随着模型规模的扩大，模型性能可能发生非线性、不可预测的变化，这在小型模型中不常见；而突发性指的是涌现能力可能在模型规模扩大时突然以意外的方式显现，这无法通过简单的线性推断来预测。

从已发布的大模型能力体系看，大模型的智能涌现普遍体现为拥有与普通人近似水平的内容理解、内容生成、逻辑推理、记忆等能力表现。例如文心大模型 4.0 相较于上一版本，其四项基础能力均显著提升，其中逻辑能力提升幅度约是理解能力提升幅度的 3 倍，而记忆能力提升幅度则达到 2 倍。商汤科技发布的"日日新"大模型体系展望中重点布局了视觉感知、语言理解、内容生成和推理决策 4 方面能力。

从对大模型能力的评价体系来看，当前的评测指标同样围绕内容生成、内容理解、逻辑推理、记忆、感知等能力水平展开。例如科大讯飞和中科院人工智能产学研创新联盟、长三角人工智能产业链联盟共同建立的通用认知大模型评测体系，包含文本生成、语言理解、知识问答、逻辑推理、数字能力、编程能力和多模态能力 7 大维度 481 个细分任务类型。

然而，大模型内部运作方式的不透明性仍然存在，即使是构建它们的研究人员对于这样大规模的系统也只有些许直观感受。AI 技术的不断进步迫使我们重新考虑人类的独特品质。正如神经科学家 Terrence Sejnowski 所说：奇点降临，似天外来客，忽纷沓而来，语四国方言。我们唯一清楚的是，LLM 不是人类……它们的某些行为看起来是智能的，但如果不是人类的智能，又是什么呢？

4.1.1 语言理解能力：类人表现引发对人类理解能力本质的重新思考

对于人类而言，语言理解是借助听觉或视觉的语言材料，在大脑中构建意义的一种主动且积极的过程。这个过程能够揭示语言材料所包含的意义，语言的理解依赖于人们已有的知识和经验。不同的知识和经验背景使得人们对同一语言材料的理解存在很大差异。在经过大量且种类丰富的训练数据集的训练后，大模型能实现接近人类水平的对文本、图片和对话意图等内容的理解。例如，GPT-4 在文本理解、多语言理解和图像理解上相较于 ChatGPT 有显著提升。如表 4-1 所示，在 MMLU（Massive Multitask Language Understanding）测评任务上，GPT-4 的准确率达到 86.4%。OpenAI 利用多种基准测评了 GPT-4 的能力，发现它在各种专业和学术领域均达到人类水平。在模拟律师考试中，GPT-4 获得了前 10% 的成绩；在 SAT 的数学部分，它得到了 700 分（满分 800 分）。

表 4-1 GPT-4 的多个核心理解能力得到提升

主要功能	GPT-4 的新功能和改进
文本理解能力	GPT-4 对上下文和语义的理解能力增强，能够生成更准确、相关和连贯的响应，降低产生无关或无意义的可能性
多语言理解能力	GPT-4 扩展语言库，支持更广泛的语言，变得更加通用，更容易被世界各地用户访问
实时适应能力	GPT-4 的学习和适应能力使其能够提供更好的定制化响应、更具吸引力和个性化的互动

(续)

主要功能	GPT-4 的新功能和改进
图像理解能力	GPT-4 理解图像能力增强，可以通过先进的计算机视觉技术，从图像中提取关键元素和上下文，将功能扩展到文本之外的模态
规则理解能力	GPT-4 能最大限度减少有害和不真实输出，但由于对遵守规则有了更好的理解，GPT-4 将拒绝比 GPT-3 或 GPT-3.5 更多的请求
复杂任务理解能力	GPT-4 在更复杂、更细微的任务处理上，回答更可靠、更有创意，能够处理更复杂的任务，为用户提供更丰富细致的信息。GPT-4 在请求更少的情况下能够提供更多的结果和答案

对大模型是否真正具备语言理解能力，学界还存在较大争议。一部分持积极态度的研究者认为，谷歌通过预训练加微调的方式发展出拥有 1370 亿参数的 LaMDA 系统，其对话流畅度与合理性接近人类水平。麻省理工学院的研究者 Arcas 发表的论文更是表示，大模型系统可能已经具备了对大量概念的真实理解能力，可能已在向具有意识的方向发展。一些保守的研究者则认为，大模型可能捕捉到了意义的重要方面。另一部分持否定态度的研究者则认为，虽然像 GPT-3 或 LaMDA 这样的大型预训练模型的输出非常流畅，却无法达到与人类相同的语言理解水平。他们指出，大模型对语言的理解主要建立在概率统计的基础上，缺乏世界经验或人类般的思维模式和心智模型。根据他们的观点，大模型仅学会了语言的形式，而非其意义。以"挠痒痒"为例，人类因身体的感觉而知其能引起笑。在这种视角下，"挠痒痒"的理解不是词与词之间的映射，而是词汇与感觉之间的关联，

而大模型虽能使用这一词汇，却未曾体验过该感觉。目前，已有学者开始反思，智能、智能体、理解等概念是否还适用于大模型系统。他们觉得大模型更像是打包和压缩了人类知识的存储库。

　　基于上述问题的讨论，又引出了新的问题：语言理解能力是否是人类独有的？或者说，大模型近似于人类水平的表现，是否意味着我们对语言理解能力的认识过于狭隘？实际上，大模型仅通过复杂的统计相关性计算，就已经能有近乎完美的表现。最近一项研究发现，某些出现在推断句中的线索词（例如"not"）能辅助模型预测出正确答案。研究人员发现，如果避免这些线索词的出现，BERT 模型的表现与随机猜测无异。这表明大模型存在快速学习或所谓"捷径学习"的现象，即学习系统通过分析数据集中的伪相关性，而非通过类人的理解能力来取得在特定基准任务上的良好表现。

　　因此，使用用于评估人类理解能力的基准任务来评估模型的理解能力或许不适合。如谷歌的 LaMDA 和 PaLM 等具有千亿规模参数并在近万亿文本数据上训练的大模型，它们拥有强大的编码数据相关性的能力。相比之下，人类的语言理解更倾向于反映对现实世界经验的压缩与抽象。当将为人类设计的心理测试应用于大模型时，其解读结果往往依赖于对人类认知的假设，而这些假设对模型可能并不适用。正如 Terrence Sejnowski 所指出的，对大模型智能的见解分歧表明，我们基于自然智能的传统观念并不充分。如果大模型能通过捷径学习表现出类似甚至超越人类的理解能力，也许可以视为对人类现有语言理解能力的一种扩展。

未来，在针对大模型的语言理解能力的研究中，研究者可能需要设计评测任务和研究方法。这样做可以帮助他们深入了解不同类型的智能和理解机制。同时，大模型可能通过挖掘数据之间的隐藏相关性，推动研究者走上一条新的道路，以探索语言理解能力的本质。

4.1.2 生成能力：源于对下一个信息的预测

基于大量文本数据的训练，并抓取语言内在联系与人类使用模式，大模型能够生成原创且连贯的文本。这种生成能力是通过对邻近信息进行分析，预测下一步信息而建立的。深度生成模型（Deep Generative Model，DGM）作为一类深层网络模型，可根据现有数据生成新内容，为人工智能应用开辟了诸多新的可能性。经过训练的这些模型能够理解复杂数据的分布，并生成与真实世界数据极其相似的数据。深度生成模型的目标是从有限的训练数据集中学习高维概率分布，并创建与训练数据的底层类别近似的新样本。与主要模拟输入特征与输出标签间关系的判别模型不同，生成模型更侧重于学习数据结构和生成过程。深度生成模型依靠生成对抗网络（Generative Adversarial Network，GAN）、变分自动编码器（Variational Autoencoder，VAE）、Transformer 和潜在扩散模型（Latent Diffusion Model，LDM）等关键技术的快速发展，为以 ChatGPT 为代表的生成型人工智能的兴起奠定了基础。如何测量大模型的生成能力及发展程度？大多数评测榜单通过开放性问题来测试大模型所生成内容（如文章、短故事、诗歌、代码等）的新颖性和合理性。例如，在中文通用大模型综合性评测基准 SuperCLUE 中，评测员会要求多个模型"描述一种基于深度学习的图像识别技术原理及其在安防领域的应用"，通过对不同模型回答进行评分来评估模型能力（见图 4-1）。

SuperCLUE 的 2024 年 2 月"生成与创作"能力评测结果显示（见图 4-2），当前 GPT4-Turbo、GPT4 生成能力表现最优，国内通义千问、文心一言、GLM-4、MoonShot 紧随其后。

与判别式 AI 模型的确定性输出相比（见图 4-3），生成式 AI 模型的输出具有概率性并且重复性较低。针对某一精确的输入提示，生成式 AI 模型在每次提示时都能产生不同的输出，但这些输出都是有效的，并且能够满足提示的要求。不同的输入提示可能会得到相同的输出。因此，要实现理想的结果，我们需要反复试验以制定有意义的提示，例如，通过运用语义相近的关键词重新表述文本提示。提示工程涉及系统地构建提示，以便改进生成输出的结果。模型的生成能力可以广泛体现在对话式（Chat）和生成式（Completion）AI 应用。典型对话式 AI 应用包括聊天机器人，表现为用户输入问题，然后大模型对问题进行响应。生成式 AI 应用可用于文章续写、摘要生成等。例如，当用户编写营销文案时，他提供了文案的一部分上下文，大模型就可以在此基础上继续编写，直至完成整个段落或整篇文章。

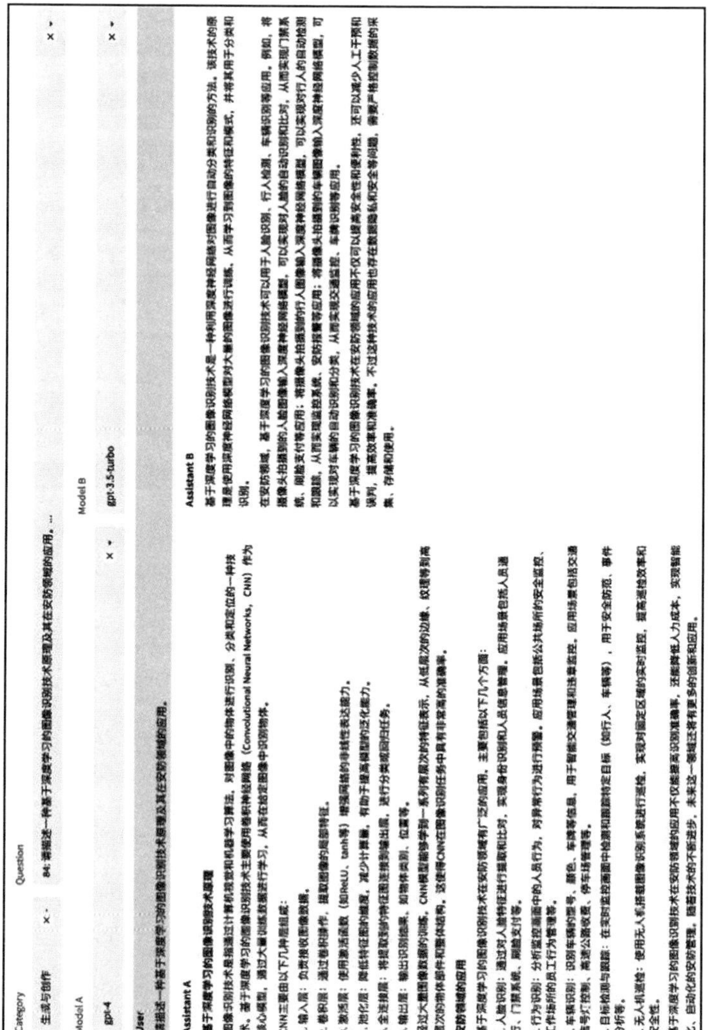

Category	Question
生成与创作 × ▼	84: 请描述一种基于深度学习的图像识别技术原理及其在安防领域的应用。… × ▼

Model A	Model B
gpt-4 × ▼	gpt-3.5-turbo × ▼

User
请描述一种基于深度学习的图像识别技术原理及其在安防领域的应用。

Assistant A

基于深度学习的图像识别技术原理

图像识别技术是指通过计算机视觉和机器学习算法，对图像中的物体进行识别、分类和定位的一种技术。基于深度学习的图像识别技术主要使用卷积神经网络（Convolutional Neural Networks，CNN）作为核心模型，通过大量训练数据进行学习，从而在给定图像中识别物体。

CNN主要由以下几种层组成：

1. 输入层：负责接收图像数据。
2. 卷积层：通过卷积操作，提取图像的局部特征。
3. 激活层：使用激活函数（如ReLU、tanh等）增强网络的非线性表达能力。
4. 池化层：降低特征图的维度，减少计算量，有助于提高模型的泛化能力。
5. 全连接层：将提取到的特征图连接到输出层，进行分类或回归任务。
6. 输出层：输出识别结果，如物体类别、位置等。

经过大量图像数据的训练，CNN模型能够学到一系列有层次的特征表示，从低层次的边缘、纹理等到高层次的物体部件和整体结构。这使得CNN在图像识别任务中具有非常高的准确率。

安防领域的应用

基于深度学习的图像识别技术在安防领域有广泛的应用，主要包括以下几个方面：

1. 人脸识别：通过对人脸特征进行提取和比对，实现身份识别和人员信息管理。应用场景包括人员通行、门禁系统、刷脸支付等。
2. 行为识别：分析监控画面中的人员行为，对异常行为进行预警。应用场景包括公共场所的安全监控、工作场所的员工行为管理等。
3. 车辆识别：识别车辆的型号、颜色、车牌等信息，用于智能交通管理和违章监控。应用场景包括交通信号灯控制、高速公路收费、停车场管理等。
4. 目标检测与跟踪：在实时监控画面中检测和跟踪特定目标（如行人、车辆等），用于安全防范、事件分析等。
5. 无人机巡检：使用无人机搭载图像识别系统进行巡检，实现对固定区域的实时监控，提高巡检效率和安全性。

基于深度学习的图像识别技术在安防领域的应用不仅能提高识别准确率，还能降低人力成本，实现智能化、自动化的安防管理。随着技术的不断进步，未来这一领域还将有更多的创新和应用。

Assistant B

基于深度学习的图像识别技术是一种利用深度神经网络对图像进行自动分类和识别的方法。该技术的原理是使用深度神经网络模型对大量的图像进行训练，从而学习到图像的特征和模式，并将其用于分类和识别。

在安防领域，基于深度学习的图像识别技术可以用于人脸识别、行人检测、车辆识别等应用。例如，将摄像头拍摄到的人脸图像输入深度神经网络模型，可以实现对人脸的自动识别和比对，从而实现门禁系统、刷脸支付等应用；将摄像头拍摄到的行人图像输入深度神经网络模型，可以实现对行人的自动检测和跟踪，从而实现监控系统、安防报警等应用；将摄像头拍摄到的车辆图像输入深度神经网络模型，可以实现对车辆的自动识别和分类，从而实现交通监控、车牌识别等应用。

基于深度学习的图像识别技术在安防领域的应用不仅可以提高安全性和便利性，还可以减少人工干预和误判，提高效率和准确率。不过这种技术的应用也存在数据隐私和安全等问题，需要严格控制数据的采集、存储和使用。

图 4-1　SuperCLUE 生成与创作能力评估示例

排名 ▲	模型 ▲	生成与创作 ▲
🏆	GPT4-Turbo-0125	93.37
🏆	GPT4（网页）	89.86
🏆	通义千问2.1	87.6
4	文心一言4.0	87.09
5	GLM-4	86.79
6	Moonshot(KimiChat)	84.49
7	讯飞星火V3.5	80.9
8	MiniMax_Abab6	80.5
9	qwen1.5-72b-chat	80.29
10	Baichuan3	80.03
11	XVERSE-65B-Chat	79.25
12	从容大模型V1.5	76.33
13	云雀大模型	76.07
14	qwen1.5-14b-chat	73.34
15	360gpt-pro	73.32

图 4-2 SuperCLUE"生成与创作"能力评测结果示例[○]

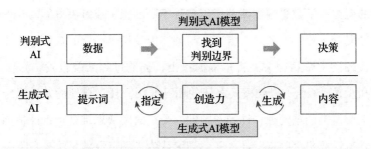

图 4-3 生成式和判别式 AI 模型差异

○ 来源于 SuperCLUE 官网（https://www.superclueai.com/）。

　　用户通过智能应用（如 ChatGPT）与生成式 AI 模型交互。其中，提示工程是一种交互技术，也是生成式 AI 模型独有的属性。它可以使终端用户使用自然语言与生成式 AI 应用（如 ChatGPT）进行交互，并指示其创建所需的输出（如文本、图像等类型）。对于不同的 AI 应用，提示方式也不同，这直接影响操作模式。例如，"文生图"的 AI 应用使用文本提示来描述所需图像的视觉效果，而"图生图"的 AI 应用则依据输入图像及语言提示来引导生成过程。

　　大模型的生成能力对人类的创造力有何影响？AI 在艺术相关方面的创造力表现尤为出色。最新的 AI 工具能够创作出高价值、高品质艺术作品，以及与人类自身创作无异的诗歌。这些发现似乎表明，AI 能够创造出人类通常认为具有创造性的产品。

　　究竟什么是创造力？创造力被定义为在某种程度上能产生新颖且有用的想法的能力。心理学家吉尔福德提出了聚合思维和发散思维的概念。聚合思维指的是确定问题的唯一最佳或正确答案的能力，发散思维则涉及产出多种不同的想法或解决方案。与聚合思维相比，发散思维更多地与创造力及设想问题的众多潜在答案的能力密切相关。吉尔福德指出，创造过程涉及自发（发散）和受控（聚合）思维模式之间的相互作用。较为自发的发散思维主要负责创意的独创性和新颖性，受控的发散思维则负责评估创意与任务要求的相关性。联想理论认为，创造性的想法来自将关联性较弱的概念联系起来，从而形成新颖的构思。该理论表明，相比于结构严格或层次分明的人，具有扁平语义知识结构的人更可能激活并联想到远处的想法，从而提高形成原创性想法的概率。有研究者通过比较聊天机器人和测试者在典型的发散性思维任务中的表现，发现聊天机器人的表现普遍优于测试者。然而，人类的最佳创意仍然与聊天机器人的创意不相上下，甚至有过之而无不及。这一结果突显了人工智能作为提高人类创造力的工具的潜力。

大模型的生成能力已推动人机协同创作模式成为现实。据麦肯锡 2023 年 4 月中旬的调研结果，79% 的受访者表示，无论在工作中还是业余时间，他们至少有一次使用过生成式 AI 工具；22% 的受访者经常使用这类工具。许多组织机构也开始广泛利用生成式 AI 工具来提高员工的工作效率并解决创新难题。数据显示，60% 的组织机构正在使用这些工具，尤其是在销售、产品研发及客户运营等业务职能上的应用更为广泛。这些工具主要用于帮助员工完成生成文档初稿、制定个性化营销方案和总结文档内容等任务。

4.1.3 逻辑推理：思维链技术助力逻辑能力涌现

大模型的推理能力不是新鲜事物。无论基于传统机器学习方法，还是基于深度神经网络的判别式 AI，这些模型都能按照给定的概率推理出结果，从而展现其推理能力。而现在，我们讨论的逻辑推理能力更多地关注从生成自然语言推理得出最终答案，并实现性能的显著提升。这一过程的关键在于"思维链"（Chain of Thought，CoT）技术。思维链技术由 Jason Wei 等人提出，具体是指一系列有逻辑关系的思考步骤，形成一个完整的思考过程。与传统的直接给出答案的提示学习相比，通过让大模型自动给出思考步骤，推理性能有了显著提升。该技术已被广泛用于激发大规模语言模型的多步推理能力，鼓励模型生成解决问题的中间推理链，类似于人类逐步完成复杂任务的方式。

目前，思维链技术已成为大模型在处理简单问题时逻辑推理的标准内置技术。对于简单的逻辑计算问题，大模型会自动按步骤地解决（见图 4-4）。以文心一言 3.5 为例，当我们询问"小明有 5 支铅笔，他又买了 2 盒铅笔，每盒有 6 支铅笔，现在小明一共有多少支铅笔？"时，大模型会将问题拆解为加法和乘法问题，然后逐步得出答案。值得注意的是，我们向 ChatGLM-4 提出同样的问题时，可以观察到 ChatGLM-4 采用的解决问题方法是直接调用代码生成的外部插件将逻辑推理问题转换为编程问题。与其他模型的分步解决方式相比，这表明 ChatGLM-4 可能展现了一种与众不同的"语义推理"过程。

针对复杂推理问题，我们可以采用逐步推理演示的方法，激发大模型的思维链能力（见图 4-5）。在这种方法中，每个演示都包含一个问题以及通向最终答案的推理链。语言模型很难直接将所有语义转化为一个方程，因为这是一个较为复杂的思考过程。但是，通过中间步骤的推理，可以更有效地处理问题的每个部分。思维链提示的方法是将一个多步推理问题分解成多个中间步骤，分配给更多的计算资源，生成更多 Token。接着，再将这些答案拼接在一起进行求解。

图 4-4　部分国产大模型回答简单计算问题时已呈现分步骤逻辑推理的特征[①]

① 来源于作者自行在文心一言官网（https://yiyan.baidu.com/）、讯飞星火（https://xinghuo.xfyun.cn/）、ChatGLM（https://chatglm.cn/）、Kimi Chat（https://kimi.moonshot.cn/chat）官网的测试结果。

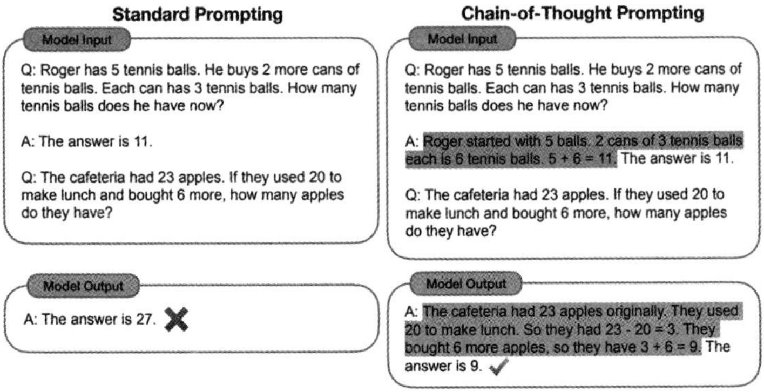

Standard Prompting

Model Input

Q: Roger has 5 tennis balls. He buys 2 more cans of tennis balls. Each can has 3 tennis balls. How many tennis balls does he have now?

A: The answer is 11.

Q: The cafeteria had 23 apples. If they used 20 to make lunch and bought 6 more, how many apples do they have?

Model Output

A: The answer is 27. ✗

Chain-of-Thought Prompting

Model Input

Q: Roger has 5 tennis balls. He buys 2 more cans of tennis balls. Each can has 3 tennis balls. How many tennis balls does he have now?

A: Roger started with 5 balls. 2 cans of 3 tennis balls each is 6 tennis balls. 5 + 6 = 11. The answer is 11.

Q: The cafeteria had 23 apples. If they used 20 to make lunch and bought 6 more, how many apples do they have?

Model Output

A: The cafeteria had 23 apples originally. They used 20 to make lunch. So they had 23 - 20 = 3. They bought 6 more apples, so they have 3 + 6 = 9. The answer is 9. ✓

图 4-5 思维链提示和直接给出答案的传统提示学习的大模型性能表现

尽管如此，思维链技术本身也有许多局限。首先，思维链必须在模型规模足够大的情况下才能显现效果。如 Jason Wei 等人的研究表明，PaLM 模型参数扩大至 5400 亿个时，结合思维链提示，才展现出卓越的性能。而对于一些小规模模型，思维链的影响不大，对模型提升也有限。这是因为处理策略问题需要大量的知识，而小规模模型没有足够的参数来记载这些知识，因此不太可能产生正确的推理步骤。所以，实际应用中的模型因规模较小，很多研究机构和企业也无法承担有多达 1750 亿个参数的大模型开销，这就要求思维链解决在较小模型中进行推理并降低实际应用成本的问题。其次，思维链的应用领域有限。目前，它主要应用于数学问题解析、五个常识推理基准（CommonsenseQA、StrategyQA、Date Understanding、Sports Understanding 以及 SayCan）等领域。而对其他类型的任务，如机器翻译，其性能提升效果还有待评估。此外，即使在使用了思维链提示的情况下，大型语言模型仍可能出现错误推理，特别是在进行简单计算时。如 Jason

Wei 等人在 GSM8K 一个子集的研究中指出，大型语言模型出现了 8% 的计算错误。这表明，即使应用了思维链，大型语言模型仍未真正理解数学逻辑，对基本的数学运算只是依葫芦画瓢，因此对于有精确要求的任务，需要进一步探索新技术。

4.1.4 记忆能力：本质是对海量知识的压缩

海量知识的压缩指对语言建模，利用大模型来存储迄今为止数量最大、覆盖范围最广的人类知识。可以说，几乎所有的人类知识都被压缩到一个模型中，让大模型变得无所不知。大模型的记忆能力主要得益于在训练大模型时使用的海量训练数据。这些数据主要来自高质量的、公开的资源，以各种文字和程序的形式表达。这是生成式 AI 能够将多种自然语言理解和生成任务统一到单一通用模型的原因之一。

在大模型的架构中，知识不再以传统计算机系统中数据的形式存储于硬盘或呈现于互联网。相反，知识通过建模转化为上千亿参数之间的数学计算逻辑，并通过计算方式模糊地提取出来。正如 OpenAI 的联合创始人、前首席科学家 Ilya Sutskever 所述："当我们训练一个大型神经网络来准确预测各种不同文本中的下一个词时……它实际上是在构建一个世界模型……这些文本实际上是对世界的一种映射。神经网络在不断深入地学习世界的各个方面，包括人类的环境、期望、梦想、动机等……神经网络学到的是人类世界的压缩、抽象和可用的表征。"这与脑神经科学中对人脑智能的理解是相符合的。人类的认知过程可以以计算机或信息系统为参考，包含信息输入、存储 / 处理、输出三大环节。根据信息的保存时间长短以及信息的编码、存储和加工方式的不同，人类记忆被分为感觉记忆、短时记忆和长时记忆。随着脑神经科学研究的深入，研究者们发现信息存储在大脑皮质中神经元组成的神经回路里。AI 的各个参数可以类比为神经元。

大模型知识存储和提取结果具有概率性，这是大模型可能产生幻觉的原因，即输出的内容可能与事实或人类价值观不符。因此，解决模型幻觉问题、确保大模型既有用又真实无害，成为当前的热点研究课题。从根本上讲，大模型的幻觉是采用的知识压缩和学习方式以及架构本身的概率机制所导致的，这些因素无法完全避免。所以，我们只能通过各种方法降低大模型产生幻觉的概率，并在幻觉出现时及时识别和纠正，或者尽量在不需要严密输出结果的场景（如写小说、聊天等）中使用大模型。

此外，大模型可以持续学习海量知识，通过微调和提示词技术。微调是改变模型中的知识，包括全量微调和高效微调两种方式。这些都可通过修改模型参数来实现，让模型学习新知识及遗忘不必要的知识。然而，微调（特别是全量微调）需大量数据和算力资源，并且需要具备修改模型参数的权限。

提示词技术则是通过修改模型输入的 Token 序列，不改动模型本身，仅在表面上赋予大模型临时性的记忆。这种短期记忆的容量取决于模型能处理的最大上下文输入长度和提示词的信息量。例如，OpenAI 在首个 DevDay 上发布的 GPT-4 Turbo 支持的上下文输入长度为 128k Token；截至 2024 年 4 月，国内

MoonShot 发布的 Kimi Chat 能支持 200 万字的上下文输入。此类模型是用户通过提示词技术将所需信息和知识加入 Token 输入序列，根据输入模拟出短时记忆能力。

与微调方式相比，提示词技术可以适用于所有大模型且几乎无应用门槛。因此，提示词技术成为大部分普通用户和大模型应用系统开发者的首选。这甚至促成了"提示词工程师"这一新职业的出现。随着技术的进步，大模型对提示词的需求将逐渐减少，但对网络深度和精细化要求将逐步增加。

通过比较大型语言模型的核心能力与人类的认知能力，我们发现大型语言模型的研究为人类语言和认知科学开辟了新的研究可能。目前对大模型的评估显示，大模型虽具有与人类类似的表现，但可能尚未真正具备认知能力。从将语言模型发展为强大的通用人工智能（AGI）的潜力来考虑，未来的研发重点应放在模块化架构的开发上。这涉及将语言处理系统与其他感知、推理和规划系统进行整合，而非仅仅扩展模型规模。

4.2　基座模型的三大应用模式

基于大模型的四大核心能力，以大模型为核心的 AI 技术不再局限于具体的细分场景，开始向更加基础和通用的场景渗透。与传统 AI 相比，以大模型为核心的生成式 AI 拥有以下四大核心优势：自动化、个性化、创造性、解释性。根据麦肯锡的预测，AI 将为全球经济带来 35.6 万亿美元的积极影响，其中，生成式 AI 的贡献预计将达到 7.9 万亿美元。

根据国内公布的首批通过《生成式人工智能服务管理暂行办法》备案的大模型名单，8款通过备案的大模型的厂商均在C端推出了通用型应用。这八款通过备案的大模型对应的通用型工具均定位为通用型智能助手，具有包括多轮对话、文本理解与创作、数理逻辑推理、角色扮演等众多创作类功能。这些应用已覆盖多个工作和生活场景，包括灵感生成、聊天陪伴、知识获取等通用场景，以及部分垂直细分场景，如编写小红书文案、餐厅点评、旅游攻略等。从模态属性来看，当前国产AI应用的多模态能力仍有待提升。这八个AI应用均具备文本理解和生成能力，但只有4个应用具备语音交互能力，另外4个则具备图像生成能力。

根据人机协作中大模型的参与程度，通用场景下的大模型应用逐渐呈现出嵌入（Embedding）、副驾驶（Copilot）以及智能体（Agent）3种典型的落地模式。需要指出的是，这三种模式并不对应某种具体的产品形态（如App或定制化解决方案），它们更多强调的是人机协作模式。

4.2.1 嵌入模式：大模型作为无思想的工具帮助人类完成具体任务环节

嵌入模式是指用户通过与AI进行语言交流、使用提示词来设定目标，随后AI协助用户完成这些目标。例如，普通用户向生成式AI输入提示词来创作小说、音乐作品、3D内容等。在这种模式下，AI的作用相当于执行命令的工具，完成任务的主导权在人类，而大模型则主要负责协助解决具体操作问题。AI应用领域不断拓展，已在对话、编程、绘图、视频制作等方面实现落地。除了 OpenAI，专注于协作编程赛道的 Replit、绘图生成领域的 Stability AI、视频生成领域的 Runway 均已在各自领域实现场景落地。这些公司的产品拥有一个共同特点，即能识别自然语言并输出相应模态的结果。

1. 典型场景一：文本生成类场景

ChatGPT 是一种典型的文本生成应用。自 2022 年 11 月问世以来，ChatGPT 迅速风靡全球。上线仅两个月，全球注册用户数就突破 1 亿，成为史上增长最快的消费类应用。ChatGPT 使用拥有上亿参数的大模型和海量语料库来生成语句，可以实现写诗、撰文、编码任务。与传统的聊天机器人只能简单地根据问题搜索并加工答案不同，ChatGPT 实现了从感知、理解内容到创造内容的进步，拥有接近人类水平的语言理解和生成能力。它能够结合用户交互行为背后的意图和情感，做出更为贴切的回答。与此同时，文本生成领域的 AI 应用已经在教育、办公、电商等更多垂直细分行业得到广泛应用，如图 4-6 所示。

2. 典型场景二：图像生成类场景

Stability AI 专注于为图像、语言、音频、视频、3D 等领域提供开源的 AI 模型。该公司开发了文本到图像生成器 Stable Diffusion。Stable Diffusion 是一个 AI 模型，仅需几秒钟就能根据文本生成高分辨率、高清晰度的图片，同时保留真实性和艺术美感。与 DALL-E 等大型模型相比，Stable Diffusion 允许用户使用消费级显卡快速进行图文转换。

场景	类别	海外	功能
教育场景	语音文本互动、内容创作	Duolingo、Chegg、Quizlet、Speak、Nerdy、Facing It	AI 授课、模仿场景教学
办公场景	内容创作、编辑、企业内信息检索	Microsoft Copilot、Bluemail、Slack、Salesforce	协助写作、生成办公文档、搜索
电商场景	商品与内容推荐、客服、营销	Shopify、Instacart、AI Advertising、Jasper	生成电商产品描述、电商客服
医疗场景	语音文本互动、图片识别、信息检索	Nuance、Bullfrog、Novadiscovery	线上问诊、AI 辅助诊断、精准药物研发
游戏场景	内容创作、语音文本互动	Midjourney、Stability AI、Runway、Canva、Character.AI	生成素材、NPC 脚本写作、角色建模
金融科技场景	文本交互、数据分析、信息检索	Morgan Stanley、BloombergGPT	智能投研
搜索场景	信息检索	Microsoft Bing、ShiftPixy、YouChat	提升搜索准确率
支付场景	数据分析、文本交互	Affirm、Stripe	自动计费、结账与税务合规
数据分析类场景	数据分析	Palantir	文本交互提取非结构化数据、下达指令

图 4-6　文本生成类细分场景

资料来源：各公司官网、国信证券经济研究所

Midjourney 是由同名研究实验室开发的绘图工具，已搭载在 Discord 上。用户可以通过调用聊天机器人程序，并输入合适的提示词来生成图像。该工具于 2022 年 7 月 12 日进入公开测试阶段。到 2023 年 3 月 15 日，Midjourney V5 正式推出，并在多个方面进行了优化，具体如下。

- 支持更多图形纵横比。
- 提示词与生成图像更加一致，提升了图像质量。
- 支持更多样的提示词。
- 生成图像自动放大。
- 支持自定义的图像权重。

Midjourney 于 2023 年 5 月 12 日官宣在中国区开放内测。内测频道在每周一、周五下午 6 点统一开放，新用户可以直接通过 QQ 频道搜索 Midjourney 加入，免费试用 Midjourney 中文版的图像生成服务。目前，Midjourney 海外版订阅月费为 10～60 美元。

4.2.2　副驾驶模式：大模型作为有思想的工具与人类协作完成任务

副驾驶（Copilot）模式的实现标志着 AI 应用逐步落地，AI 产业链形成了闭环。建议重点关注大模型应用领域及 AI 算力产业链。随着微软 Copilot 的推出，预计 AIGC 融入办公场景将极大地提高产业算力需求，有望推动算力产业链业绩的进一步释放。

2023 年 3 月 16 日，微软发布了 Microsoft 365 Copilot。这一工具基于 OpenAI 的高级 GPT-4 大型语言模型（LLM），并与 Microsoft Graph 结合，能够将用户的输入文本转换为 Microsoft 365 应用程序中的内容。在微软 2023 年秋季发布会上，微软进一步发布了关于 Copilot 的消息。微软宣布，消费版 Copilot 于 2023 年 9 月 26 日以早期形式推出，作为 Windows 11 系统更新的一部分。此次 Windows 系统的新增功能超过 150 项，几乎都将 AI 作为核心。除了消费版 Copilot，微软还宣布 Microsoft 365 Copilot 企业版于 2023 年 11 月 1 日全面上市。Copilot 功能强大，这一全新平台可能成为新一代的生产力工具，能在多方面协助用户进行办公。

在 Copilot 模式下，人机协作程度大约各占 50%，可显著提升用户创造力、生产效率和技能水平。以微软 Copilot 系列产品为例，我们可以看到以下几方面的应用。

首先，Copilot 与 Microsoft 365 的结合极大地提升了用户的创造力。在 Word 中，Copilot 能够提供可编辑和可迭代的初稿，节约了写作和编辑的时间。在 PowerPoint 中，Copilot 可以根据用户的简单指令创建合适的 PPT 文稿，并能与之前的文档相联动。在 Excel 中，Copilot 可以帮助用户进行专业的数据可视化分析。

其次，Copilot 具备强大的提炼与总结功能，有利于提高用户的生产效率。对于个人用户，Outlook 中的 Copilot 可以帮助他们在几分钟内浏览所有未读邮件，并快速起草回复邮件。在会议中，Copilot 能总结会议的关键要点并实时提出行动建议。对于企业用户，Copilot 能够利用丰富的数据和见解为组织创造新的知识模型，增加信息的流动性。

再次，通过解锁自然语言处理功能，Copilot 还能协助用户提升高级技能。在 Microsoft 365 中，用户仅需使用少量命令就可满足绝大部分需求，并可以通过使用自然语言来解锁和使用其他功能。

然后，Copilot 的加入预计将推动办公软件的变革，并有望拉动 AI 应用全产业链的需求。Copilot 结合了大型语言模型和办公软件，显著提升了现有办公软件的生产能力。结合 Windows 系统和办公软件的高渗透率，此举将促进云办公领域经历深刻的变革。代表公司如金山、飞书正加大在人工智能领域的投入，推出 AI 转写、一键生成、智能美化等功能。在办公领域之外，Copilot 生成的 AI 推荐信息覆盖生活、娱乐等多个方面，将提高用户对 AIGC 功能的依赖程度，促使社交、消费等领域的厂商采用 AI 产品以留住用户。Copilot 作为用户端的全场景 AI 助手，预计将帮助完成从大模型到用户的桥梁搭建，推进 AIGC 的全产业应用实现。Copilot 有望重新定义 AI 应用体验，推动 AI 应用全产业链需求的根本变革。

最后，除了作为高效的 AI 工具，Copilot 还能为用户带来情感陪伴等更高级的社交体验。Character.AI 便是一个典型例子。这是一个基于 AI 模型的聊天机器人应用，其创始人来自 Google 的前 LaMDA 团队。用户可以通过 Character.AI 创建虚拟角色，塑造它们的个性并设置特定参数，然后发布到社区供其他人使用和聊天，从而使其具备社交属性。平台上的许多角色可能基于虚构的媒体资源或名人，而有些角色则完全是原创的。有些角色的制作是为了特定的目标，如协助创意写作。用户可以与单个角色联系，或组织包含多个角色的群聊，这些角色可以同时与彼此或用户交谈。

Character.AI 的测试版于 2022 年 9 月向公众开放，并且上线第一周下载量就达到了 170 万。2023 年 5 月 23 日，Character.AI 向全球 iOS 和 Android 用户推出移动端，其中 Android 版本在 48h 内的安装量超过 70 万次。Character.AI 声称，在该应用发布之前，其网站的访问量超过 2 亿，用户平均每次访问花费 29min——这个数据是 ChatGPT 的 300%。目前，平台上的核心用户平均使用时间超过 2h，所有用户的平均活跃时长为 24min/天。Character.AI 基于深度学习和可扩展的语言模型构建，并通过用户打分不断完善回复内容。该应用与 ChatGPT 类似，可以记住用户先前发送的内容，并允许用户针对角色的回复进行评分，评分范围为从 1 星到 4 星。评分主要影响特定角色，但也会影响未来角色的整体行为选择。用户还可以点击右箭头生成新的响应，或点击左箭头查看生成的消息。

2022 年 11 月 5 日，Character.AI 的对话记忆容量比之前增加了一倍，增强了模型对角色塑造的准确性。2023 年 5 月 24 日，该软件在 App Store 上线，并在不到一天的时间进入多个国家的 App Store 免费榜前五。目前，许多用户使用 Character.AI 是因为他们感到孤独或处于困境，需要有人交谈，但在现实生活中由于各种因素无法找到可交谈的人。也有很多用户直接公开发布自己的角色，如视频/游戏人物等。因此，Character.AI 提供了一种既有趣又能满足用户需求的混合体验。

4.2.3　智能体模式：大模型作为有思想的助手承担大部分工作

智能体（Agent）模式是指人类设定目标、提供必要资源（如计算能力），AI 随后独立完成主要工作，并由人类监督过程及评估成果。Agent 的应用目标主要包括：解放人类于重复性劳动，提升工作效率；自主进行分析、规划和问题解决；协助人类开展探索性和创新性工作。

大模型的能力迭代推动了 Agent 向前发展。当前，基础大模型的发展已步入新阶段，其能力提升将从之前的快速增长转为更为渐进式发展。在这一阶段，基础大模型厂商将重点从模型功能的迭代转向应用生态的构建。Agent 作为能感知环境、做出决策并执行动作的智能实体，通过赋予大模型代理能力来独立理解、规划并执行复杂任务，从而本质上成为一个指挥其他大模型解决问题的系统。这不仅改变了传统的人机交互方式，还拓宽了大模型的应用可能性。随着基础大模型相关开发工具和开源社区的不断丰富与创新，Agent 预计将成为未来大模型应用的关键竞争领域。

GPT 是 OpenAI 在 "Agent 化"方面的重要尝试，标志着 AI

应用新时代的开启。2023 年 11 月 6 日，OpenAI 在旧金山成功举办了首届 DevDay 全球开发者大会。在此次发布会上，OpenAI 推出了 GPT 和 Assistants API 两项服务。GPT 以零代码 AI 代理方案的身份亮相，而 Assistants API 则作为企业和开发者的定制化工具，两者均旨在提供可根据个人需求和偏好定制 Agent 的体验。这些服务允许用户通过设定特定指令和功能要求，个性化定制 Agent 的行为与能力。GPT 的前身是插件系统。早在 2023 年 5 月，OpenAI 就开放了这一插件系统（涵盖学习、翻译、财务数据分析等领域的数十个插件），为构建 GPT 生态奠定了基础。虽然插件数量不断增长，但插件商店的影响力一直不如预期。因此，OpenAI 对应用商店体系进行了重新梳理，并尝试进行新的布局。尽管如此，一些复杂的插件产品，如用于日程管理的 Zapier，未来仍有望成为应用商店中的重要应用。

Agent 应用可分为单代理模式、多代理模式和人机交互模式应用。目前，单代理模式应用主要应用于特定流程或具有明确任务的场景中。凭借任务拆解、环境感知和交互能力，单代理模式应用已在创意、代码生成、工作流程优化、游戏等领域展现出卓越的任务解决能力。AutoGPT 等代表性单代理框架已进行了早期探索和实验。自 2023 年 3 月 ChatGPT 开放 API 以来，借助 OpenAI API、向量数据库以及 ReAct、Reflexion 等思想，AutoGPT、BabyAGI 等开源项目实现了 Autonomous Agent 的构建。这些代理的目的是使 LLM 具备人类的记忆能力、工具使用能力、规划和反思能力，从自我提醒到完成用户最初的指令，大幅降低软件生产成本并作为软件助手更好地服务于人类。然而，由于单代理模式应用缺乏从社会互动中获取知识的能力，不适用于需要多代理合作或信息共享的复杂场景；而多代理模式应用可以通过各代理间的专业分工，深化处理各子任务的技能，消除任务切换的时间，从而提高工作效率和输出质量，并在更广泛的场景中得到应用。

AutoGen 等多 Agent 协作框架正进一步开拓 Agent 的想象空间。2023 年 4 月，斯坦福 AI 小镇展示了多个 Agent 的协作及其社交行为，人们开始探索多 Agent 分工合作是否能带来 1+1>2 的效果。例如，MetaGPT 模仿软件公司的分工，直接产出可执行的软件。微软开源的 AutoGen 将多 Agent 协作具体化为框架，其中助手 Agent 负责编写代码，用户代理 Agent 则负责将用户输入转化为明确需求并执行代码，共同完成用户的初始意图。目前，Agent 主要应用于任务解决型和娱乐型场景，特别是在个人助理和游戏领域有较快的落地，未来有望扩展到通用企业服务，以及专业的金融、医疗、电商等领域。

展望未来 5～10 年，Agent 将成为大模型的重要应用方向，可能会重塑人机交互方式和软件架构，推动 AI 基础设施化和商业模式向"代理即服务"（Agent as a Service, AaaS）演变，这可能为人们的生产和生活方式带来全新的可能性。当前而言，尽管 Agent 项目种类繁多，但大多仍处于任务解决型和娱乐型应用阶段，尚未达到产品市场契合（Product Market Fit, PMF）阶段，距离大规模商业化还有一定的距离。同时，我们应持续关注潜在的安全与伦理风险。在理想状态下，Agent 应同时具备工具属性和人格属性，这可能会促使人们对现有观念进行跃迁。大多数现有 AI 应用旨在提升效率、解放生产力和增强创造力，满足信息需求，显示出明显的工具属性；而如 Character.AI 等角色扮演型聊天机器人则满足人们的社交、陪伴和支持等情感社交需求，显示出一定的类人属性。长远来看，Agent 应当兼具这两种属性，或能引领人们的思想观念发生重大转变。

4.3 基座模型加速消费互联网应用智能化

4.3.1 消费互联网应用交互方式将被重塑

1. 大模型重构人机交互方式：从 GUI 到 NUI

在消费互联网的发展进程中，人机交互方式一直是用户体验的核心。随着大模型技术的崛起，这一领域正在经历一场革命性的变革。大模型凭借其强大的自然语言处理能力和深度学习能力，推动消费互联网应用的交互范式，从图形界面交互（GUI）向基于自然语言的对话式交互（NUI）转变。这种转变带来了高自由度和高效率的交互体验。例如，集成 GPT-4 的 NewBing 增添了"对话式搜索"功能，可以根据用户的自然语言提问给出完整的解答或方案建议。NUI 具有用户互动性强和用户参与感高的特点，符合人的直觉操作，使用户几乎无需特别学习即可通过对话操作各种工具，就如同有一位懂得各种操作的人在背后帮助你。然而，大模型产品当前还存在"需要用户发挥主观能动性"

的劣势，对普通用户来说使用门槛较高，即便是 ChatGPT，其用户留存率和黏性也与当前主流 App 无法相比。

大模型技术也在快速提升传统语音助手，如提升 Siri、小爱同学等应用的交互体验。通过将大模型集成到手机、智能音箱甚至智能汽车中，华为、小米等智能手机制造商使用户可以通过自然语言与设备进行深度语音对话，实现从触控到语音，并最终至自然语言交互的演进。例如，华为在鸿蒙 4.0 发布会上宣布智能助手的升级，该助手利用大模型的能力，不仅支持用户使用自然语言进行交互，还能帮助用户输出小作文、图片、视频等内容。这意味着用户可以通过简单的语言指令让手机助手完成复杂的创作任务，如根据描述自动生成图片或视频，极大地丰富了手机的使用场景。大模型技术正在逐步改变人们与智能终端的互动方式，使设备从单一的工具转变为一个能够理解和响应用户需求的智能伙伴。随着技术的不断进步和应用的深入，未来的人机交互将更加自然、高效和富有情感。

从产品设计角度看，GUI 与 NUI 将在相当长一段时间内共存于同一产品中。一方面，某些复杂和专业性较强的工作，如编程和专业设计等，仍将依赖图形用户界面（GUI）。另一方面，NUI 要完全替代 GUI，前提是用户具备较强的语言表述能力（即能够明确表达需求），以及上下文信息丰富。例如，在应用的搜索交互中，当系统提示"你可以直接向我提问"时，用户可能会不知所措，而传统的 GUI 则能更有效地提供背景信息，引导用户与应用进行有效交互。因此，未来 NUI 与 GUI 共存将相得益彰。NUI 擅长处理不确定、复杂任务和新概念，通过多轮对话帮助用户理解和接收新信息。而 GUI 在概念普及和确定后发挥作用，通过可视化界面提升用户体验和操作效率。在产品设计中，我们应考虑结合使用这两种界面，以达到最佳的用户体验。

2. 大模型深度涉入用户决策

如果将传统消费互联网应用中的信息流推荐视为"影响"用户决策，即通过用户的浏览习惯来推送相应的广告或商品，潜移默化地促使用户进行点击或购买，那么基于大模型的智能对话式交互将进一步"辅助"用户做决策。

一方面，大模型打通了信息的收集、整合和行动全流程。原本需用户进行的信息粗筛过程，现已被大模型取代。大模型对信息筛选的决策权重超过了用户，且用户可接触的信息范围取决于大模型呈现的内容。由此，"信息茧房"现象将加剧，即用户接触到的信息越来越依赖于大模型的推送，从而在一定程度上限制了用户的信息视野。例如，百度智能云推出的"百度 GBI"可以根据企业的财务数据和市场动态生成具有洞察力的商业报告，帮助企业做出更加精准的商业决策。

另一方面，大模型的运用类似于地图导航系统取代纸质地图，用户输入目的地后系统会呈现可选的规划路线供用户选择，从而代替用户的任务规划过程。以 Google 的 Agent 为例，它利用大模型技术理解用户的日程安排和待办事项，并主动提供规划建议。用户可能会对 Agent 说："我明天有 3 个会议和一些工作要完成。"接着，Agent 会分析用户的日程，考虑到每项任务的紧急程度和预计耗时，然后制定一个优化的时间安排表，包括会议时间、工作分配及休息时间的建议。这种智能化的行程规划服务不仅提高了用户的决策效率，也极大地提升了用户体验。

3. 新的个人互联网应用原生于大模型

随着大模型技术的不断成熟和普及，我们见证了众多全新的消费互联网应用的诞生。这些应用从设计之初就以大模型为核心，充分发挥了其在自然语言处理、数据分析和模式识别等方面的优势。这不但极大地提升了用户体验，也开辟了全新的服务模式和商业模式。

举两个例子，首先是 OpenAI 推出的 ChatGPT。这是一个基于 GPT-3 大模型的聊天机器人，能够与用户进行自然而流畅的对话，提供信息查询、文本生成、编程辅助等多种服务。ChatGPT不仅为用户开辟了一种新的信息获取和交互方式，还催生了基于聊天机器人的众多创新应用和服务。

其次，百度推出的"度秘"也是一个典型的例子。这是一个基于百度大模型的智能个人助理，能为用户提供语音识别、智能搜索、日程管理等服务。度秘通过大模型的深度学习能力理解用户的指令和需求，为用户提供个性化服务和建议。

目前，基于 GPT-3 系列模型开发的应用程序和相关应用场景已超过 600 个，覆盖了写作、设计、编程及测试等多个领域。这些以大模型为核心的应用从一开始就被设计为充分利用大模型，不仅提高了服务的智能化水平，还推动了消费互联网应用向更加个性化、智能化的方向发展。随着大模型技术的持续进步，我们有理由相信未来将会出现更多原生于大模型的创新应用，它们将继续改变我们的生活和工作方式，丰富和扩展消费互联网应用的生态。

4.3.2 引入大模型能力将会给消费互联网应用带来三方面价值提升

1. 收入增长：工具型应用和平台型应用引入智能化功能，提升付费率和 APRU 值

一是内容编辑工具如 Microsoft 365、Notion、Adobe 等应用直接利用大模型对话能力打造 Copilot 工作助理，产品增值部分将直接由个人用户或企业用户付费。如融合笔记、任务、知识库等组件的 All-in-one 生产力工具 Notion 于 2023 年 2 月上线 Notion AI 功能，帮助用户快速生成内容、翻译、检查拼写和语法错误、创建想法列表等，上线 2 个月超 400 万用户使用。AI 功能的加入有望使 Notion 的 ARPU 值增长 50%～100%。二是如健身、网约车、旅行预订、网上外卖等平台型应用对应 C 端用户吃穿住行部分生活场景，正试图接入基于大模型的聊天机器人，向涵盖数字生活全场景的超级消费平台升级，产品增值部分将通过平台广告、信息流服务等方式摊派给企业。如 ChatGPT 已接入订餐、旅游、电商等生活场景应用插件，后续第三方应用的优化将从基于网站内容、关键词、链接等要素的搜索引擎优化向大模型优化转变，便于大模型理解并向应用引流。

在商业化早期，"尝鲜"心理有望快速驱动 10%～20% 的用户付费。在中期，随着 AI 能力的不断迭代，我们认为 40%～60%的付费渗透率假设是较为谨慎的。长期来看，AI 功能或将进一步打破收入天花板。

2. 用户突破：文娱类应用引入大模型实现内容放量，引发用户增长

当前，文娱类应用的用户渗透率较高，且市场增长空间已近饱和，如短视频和网络视频等应用的用户渗透率约为 95%，而网络音乐和网络游戏的用户增长率则约为 -6%。因此，文娱类应用服务商亟需寻找新的机遇来提升用户数量和增加使用时长。一种有效的策略是开放基于大模型的视频、音乐、文学、游戏等创作工具，旨在实现内容和流量的双重增长。例如，在网易的 UGC编辑器手游《蛋仔派对》中，用户可以自制游戏地图，并通过提供创作教程及丰富的工具组件等方式降低用户的创作门槛。该游戏自上线 6 个月，日活跃用户数（DAU）已突破 3000 万。

3. 商业模式创新：大模型 + 文娱类知识产权（IP），创新数字资产增值服务

大模型的人性化和自然化交互模式，孕育了 AI 虚拟陪伴、IP AI 分身等新兴的 C 端商业模式。其核心思想是，通过 AI 内容生成、语音和姿态交互等技术，对 IP（如动漫或影视形象、网红、明星、虚拟人物）进行二次创作，形成数字人主播、AI 音频、虚拟玩家等数字化身。这些数字化身后续将被产品化、商业化，以挖掘现有流量潜在的增值。例如，拥有 180 万粉丝的 Snapchat网红 Caryn 发布了名为 Caryn 的 AI 虚拟伴侣。该虚拟伴侣是基于她自己在 YouTube 上超过 2000 h 的视频内容，通过在 GPT-4 模型上进行微调和训练实现的，能够实现动态交互，提供独一无二的体验，并能 24 h 迅速回复消息。

4.4　大模型将成为新的互联网入口

互联网入口汇聚了用户流量和海量的内容信息，通过算法等手段实现用户与信息的双向对接，是用户接入互联网的第一触点。当前，互联网入口正在经历一轮新的变革。以 ChatGPT 为代表的大模型在信息对接的准确性和内容产出的效率方面表现更加出色，已具备成为新一代互联网入口的关键条件。这将引发互联网企业领导者就入口产品的布局和市场格局展开新一轮的竞争。

4.4.1　大模型将超越搜索引擎成为新一代入口

互联网入口的内涵和典型产品已经经历了多次演变。其中，信息获取的便捷性和用户流量的巨大都是构成互联网入口核心特征的要素。在 PC 互联网时代，搜索引擎和社交网络成为主要的入口，它们帮助用户快速接触到互联网，获取信息和内容，催生了谷歌搜索、Facebook 等一系列垄断型产品。进入移动互联网时代，移动即时通信（IM）、短视频、移动支付、导航等应用的使用率超过 79%[⊖]。这些应用成为多样化的内容分发入口，由此用户获取内容的链路变得更短，同时也诞生了 Meta、腾讯、阿里巴

　　⊖　来自《第 51 次中国互联网网络发展状况统计报告》。

巴、字节跳动、百度等多家细分市场的龙头企业。在智能互联网时代，大模型整合了内容与应用分发功能，将成为超越搜索引擎的新一代互联网入口，并且逐渐向底层操作系统渗透。互联网入口演进具体情况如图 4-7 所示。

	入口1.0	入口2.0	入口3.0
内容分发	搜索引擎 （Google、百度、Bing……）	即时通信、支付、视频、地图导航等App （微信、抖音、高德……） 搜索引擎 （Google、百度、Bing……）	大模型超级应用 ChatGPT……
应用分发	浏览器 （网景、IE、Chrome……）	应用商店 （AppStore、Google Play……） 浏览器 （Chrome、Edge……）	
操作系统	PC操作系统 （Windows、macOS……）	手机操作系统 （iOS、Android……） PC操作系统 （Windows、macOS……）	生成式大模型 + 硬件操作系统
硬件	PC	手机 PC	智能机器人　可穿戴设备 智能汽车 智能手机　PC ……
	PC互联网时代	移动互联网时代	智能互联网时代

图 4-7　互联网入口演进

1. 大模型在互联网内容呈现质量和供给方式上全面优于搜索引擎

在呈现质量方面，如 ChatGPT 推出的自定义指令功能，能更好地理解用户意图，并提供更具个性化和有针对性的互联网内容。在供给方式方面，传统搜索引擎要求用户自行拆解任务、提炼关键词、筛选并整合信息，而 ChatGPT 可以代替用户完成上述工作，降低用户的使用门槛，理解复杂的用户意图，并简化用户的思考流程。

2. 在内容呈现全面优化基础上，大模型入口将成为用户终点，不再实现用户分流

在 PC 互联网时代，传统搜索引擎会展示相关网站，引导用户前往相关页面进行深入的信息检索和整理。随着移动互联网时代的到来，微信、抖音、淘宝、高德等超级 App 将细分内容整合和聚集起来，大大延长了用户的驻留时间。这些平台在一定程度上减少了用户的流失，例如短视频平台用户的日均使用时长超过 2.5 h[⊖]，其中微信是代表性的超级 App。

进入智能互联网时代，ChatGPT 进一步提升了超级 App 对用户的吸引力。它不仅在聊天互动中提供完整的答案，还通过开放插件功能，整合了上游应用的内容和功能场景。这使得用户无须跳转或下载其他应用，便能完成更加复杂的任务，真正实现了 All-in-one 的概念。

3. 大模型将与操作系统深度融合

操作系统负责管理和调度计算机的软硬件，并提供交互界面及开发环境。当前，大模型可以实现通过自然语言调用操作系统的部分功能。例如，Windows Copilot 能够使用大模型对文档内容进行总结和分析，并对文档内容进行解释与改写。此外，大模型还具备任务规划和编程能力。它能够通过自然语言对话或图片

⊖ 来自《2022 移动互联网年度大报告》。

输入等方式，自动生成完成复杂任务的脚本，并以 Agent 的身份调用其他流程来实现软件应用的自动开发。例如，AutoGPT 可以根据用户需求，自主执行日常事件分析、营销方案撰写、代码编程等任务。

4.4.2　大模型将引发搜索引擎商业模式变革

1. 搜索引擎升级为答案引擎，将简化用户工作流程

AI 搜索的最大价值在于，相较于传统搜索引擎，它将信息的颗粒度从网页细化到信息本身，从而提升用户信息获取的效率。以 AI 搜索引擎的明星产品 Perplexity 为例（见图 4-8），用户可以使用自然语言描述较为复杂的问题。在理解问题的基础上，Perplexity 通过搜索并整合内容，能够明确给出答案，同时支持溯源以及多轮对话和继续追问。从用户使用的角度来看，在多数情况下，AI 搜索引擎能够帮助用户省去"逐个链接查看"和"对多个网页源信息进行整合"这两个关键步骤。

2. 整合大模型能力后，搜索引擎的商业模式将面临两方面取舍

在收入方面，AI 搜索引擎将创造许多新的收入来源，例如用户的订阅服务。与传统搜索引擎不同，后者通常向用户免费提供信息检索服务，AI 搜索引擎则可以向用户推出付费订阅方式。例如，Perplexity Pro Search 每月收费 20 美元，付费用户能够使用更智能的模型（例如 GPT-4、Claude 2.1）进行无限次的搜索，处理更复杂的问题，以及获取较长且更合理的回答。然而，AI 搜索引擎企业可能会遭遇广告收入下降问题，特别是那些基于竞

价排名机制的收入。从 AI 搜索引擎的内容呈现界面来看，用户的问题、搜索的答案和信息来源是界面展示的核心元素。而传统的广告弹窗、广告链接等干扰信息获取的因素，在 AI 搜索引擎中基本不再出现。在广告收入机制方面，传统搜索引擎通过链接信息和用户，并依据用户的触达量与广告投放效果向广告主收费。以谷歌为例，它的竞价排名机制是基于广告主对特定关键词的出价，按照出价的高低在搜索结果页面展示广告，并基于用户点击广告的次数计费。AI 搜索引擎则不同，它优先保证呈现的内容的准确性、可靠性和完整性，通过整合多源信息来形成一段综合答案并提供给用户。在这种模式下，搜索结果页面不会出现多个广告按排名顺序显示的情况，因此，传统搜索引擎中的竞价排名机制在 AI 搜索引擎中将不复存在。

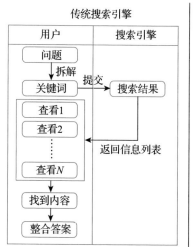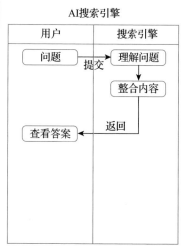

图 4-8　传统搜索引擎与 AI 搜索引擎用户使用流程对比

从成本层面考虑，用户在 AI 搜索引擎中进行一次检索所需的成本较高，而且随着互联网时代规模效应的变化，其影响可能会减弱。首先，每次检索都需要消耗一次模型推理的算力及相应的能耗。例如，OpenAI 的 CEO 山姆·阿尔特曼在 2023 年初曾在 Twitter 上透露，ChatGPT 每次对话的计算成本高达 2 美分。相比之下，谷歌在 2022 年的搜索量高达 3.3 万亿次，但其单次搜索的平均成本仅为 0.2 美分，两者的成本相差 10 倍。随着 AI 搜索引擎处理的模态越来越多，例如从文本扩展到语音、图画及视频等，每次搜索的成本预计将进一步增加。其次，当前市面上的 AI 搜索引擎大多通过调用 GPT 系列等第三方模型来提供服务，因此还需承担相关模型合作与授权的额外费用。例如，OpenAI 向企业客户提供定制化的 GPT-4 训练服务，据其申请页面显示，定制训练一个 GPT-4 模型需要数月时间，且费用起步为 200～300 万美元。

4.4.3 大模型入口的产品形态和市场格局将经历 3 个发展阶段

1. 培育期：大模型以能力形态被集成至现有入口产品，市场格局基本维持现状

搜索引擎、细分应用 App 等仍作为此阶段的主要入口，积极集成大模型能力，实现产品能力的提升。例如，微软发言人凯特琳·罗尔斯顿表示，大模型的引入使 Bing 搜索结果的质量提升幅度超过过去 20 年 Bing 所有升级的总和[一]。

[一] 来自 ChatGPT Opened a New Era in Search. Microsoft Could Ruin it。

借助现有入口产品的高流量特性，大模型的对话和认知能力也将进一步提升。用户使用习惯将逐步形成，用户流量可能由于企业的先发优势和模型性能优势，在同类产品的不同企业间缓慢转移。例如，Bing Chat 正式上线后，PC 端市场份额上涨了 2.38%，而 Google 搜索的市场份额下降了 4.16%[⊖]。总体来看，智能时代的互联网入口市场格局与移动互联网时代的保持基本一致。

2. 混战期：以独立应用形态汇聚信息流和用户流量，市场格局面临重新洗牌

一方面，通过开放插件功能，大模型的独立应用可以连接到后端互联网信息流。例如，ChatGPT 插件中已经包含如 Code Interpreter 等生产力工具插件，以及 Expedia、Kayak、OpenTable 等生活类插件。另一方面，大模型的独立应用还将支持 PC、手机、汽车等更多类型和系统的终端，从而汇聚用户流量。例如，OpenAI 已经推出了 ChatGPT 的 iOS 和 Android 客户端，而微软则计划在 Windows 11 的任务栏中直接提供 AI 助手——Windows Copilot[⊖]。

在这一阶段，用户流量将在三类玩家推出的两类产品中迅速转移。第一类产品是以 ChatGPT 为代表，作为入口生态的智能聊天机器人独立应用，其主要玩家是以 OpenAI 为代表的大模型企业。第二类产品是集成了大模型能力的升级版搜索引擎，其主要玩家包括谷歌、百度等搜索引擎巨头，以及包含微软 Bing 在

⊖ 来自 Statcounter 的搜索引擎 PC 端 2023 年 5、6 月统计结果。
⊖ 来自微软新闻中心的"微软 Build 2023 人工智能重新定义软件开发与工作的未来"。

内的搜索引擎长尾企业。

3. 统一期：作为智能助手的超级应用占据全网 60% 以上用户流量，国内外市场或将各自形成寡头格局

一是大模型作为全能生活助手，实现用户 O2O（Online-to-Offline）生活场景的全方位覆盖，包括购物、到店、外卖、旅游、出行等。二是大模型充当万能办公助手，完成诸如文档写作、项目日程管理、会议纪要整理、编程开发等低创造性工作，其功能定位类似于目前的 Microsoft Copilot 和 GitHub Copilot X。三是大模型作用于专业咨询领域，比如医疗大模型 MedGPT，能够针对常见病症完成智能问诊、检查项目开具、病情初步诊断及治疗方案建议等任务。

参考搜索引擎市场的格局，谷歌搜索占据超过 90% 的国际市场份额，百度占据超过 60% 的国内市场份额[⊖]。市场格局稳定后，国内外大模型入口企业或各自占据超过 60% 的市场用户流量。

4.4.4　强者恒强是大概率事件

1. 以谷歌为代表的现有产品入口寡头企业维持寡头地位可能性最高

一是目前已拥有大量用户的产品，可以通过对现有产品的升级省去从 0 到 1 的用户增长过程。例如，微软将 GPT-4 整合至 Bing 中，打造了 NewBing，直接利用大模型技术重构并升级了

现有的产品入口。

二是产品矩阵丰富，设置较高的用户转移门槛。例如，Google 的 Chrome 浏览器默认搜索引擎固定为 Google 搜索，并且无法更改设置，这限制了其他搜索引擎市场份额的增长。

三是现有的大公司控制了庞大的用户搜索行为数据和网页数据资源。它们庞大的用户基数每日产生的实时增长数据量是其他企业的数倍，这对于大模型的训练和性能提升非常有利。

四是现金流充足，能够支持大模型训练和推理的高昂成本。例如，谷歌推出的 PaLM 模型训练大约花费 1120 万美元，占其 2022 年研发投入的 0.03%[⊖]，其研发成本为 395 亿美元。

2. 以微软为代表的长尾企业入口产品市场份额将有所上升

一是长尾企业的入口产品用户基数较小，具备产品升级负担较小的差异化优势，可以在用户对新产品感兴趣、对大模型容错度较高时，快速升级产品、提升市场份额。例如，相较于谷歌由于其 Bard 聊天机器人在发布时提供的信息不准确，市值在一天内消失了 1000 亿美元；而微软宣布推出新的人工智能搜索引擎 NewBing 和 Edge 浏览器后，市值一夜之间飙升了超过 800 亿美元[⊖]，且 NewBing 自正式上线一个月以来日活用户已达 1 亿，其中三分之一为新增用户[⊜]。然而，由于寡头企业会加快大模型的自

研，力求快速弥补短板，因此我们仅能认为这对长尾企业入口产品市场份额的提升有积极作用，但并不能全面反转竞争格局。

二是长尾企业拥有丰富的关联产品矩阵、数据积累和现金流充足，与寡头企业具有类似的优势。例如，微软可以借鉴 1998 年左右利用 Windows 预装 IE 浏览器快速抢占网景市场份额的做法，通过底层的 Windows 操作系统、Edge 浏览器和 Microsoft 365 等上层应用产品为大模型入口产品引流。

3. 以 OpenAI 为代表的大模型独角兽企业前路漫漫

一是新兴企业面临现有寡头企业的持续打压。例如，ChatGPT 推出后，谷歌内部发布了红色警报，并通过多种手段对 ChatGPT 进行围堵，如投资 OpenAI 的离职员工创办的 Anthropic 公司，加速自研项目 Bard 的进程等。

二是新兴企业缺乏长期稳定的现金流，难以承担高昂的模型训练、推理和用户增长成本。例如，OpenAI 在初期依赖微软的投资和算力支持，才得以训练出像 ChatGPT、GPT-4 这样的变革性模型。

三是大模型独立应用目前还存在运用场景不明确、模型性能不佳、用户体验较差等问题。现有用户难以保持，甚至已出现流失趋势。据 SimilarWeb 统计，包括 ChatGPT 在内的主流人工智能聊天机器人的用户流量和订阅用户数量呈现增长停滞甚至下降的趋势。例如，ChatGPT 在 2023 年 6 月的用户流量下降了大约 10.3%，在 5 月的访客参与度下降了大约 8.5%。

|第 5 章| C H A P T E R

大模型行业应用:
关键场景与商业化实践

　　随着技术的迭代创新,2024 年 AI 大模型将从模型层走向应用层,驱动各行各业提升数字生产力,实现跨越式发展。目前,各行业正积极开展大模型的试点及实践。根据 IDC 的调研,35%的中国企业正在进行大模型的初步测试和概念验证,24% 的企业已经在生成式 AI 方面投入了大量资金。

　　本章全面梳理了我国大模型在各行业应用的全景,包括大模型在不同地域与行业的分布情况,以及相关的技术部署路径,重点分析了大模型在医疗、媒体、政务、金融与工业五大核心领域的产业现状、典型应用场景及未来发展趋势。

5.1　我国大模型行业应用全景

截至 2024 年 3 月 30 日，国内已发布 341 个行业大模型。其中，87 个行业大模型以自有通用大模型为基础，主要参与者包括百度、华为、阿里巴巴、科大讯飞、中国移动和中国电信。其他的行业大模型主要采用第三方开源基座大模型，例如 GLM 系列大模型、百川大模型和通义千问系列模型，还有国外的基座模型 Llama。

5.1.1　行业大模型地图

从发布机构的地域分布来看，目前国内有 23 个省市 / 地区发布了行业大模型。其中，北京发布的数量多达 121 个，占比达到 35.5%；广东、上海、浙江发布的数量分别为 52、47、28，分别位列其后，如图 5-1 所示。北京、广东、上海和浙江等地的大模型人才相对较多，算力基础设施配套齐全，这为大模型的研发提供了关键的智力支持和算力资源。

从行业分布看，行业大模型主要集中在医疗健康、金融和传媒游戏三大行业，这三个行业的占比达到了 42.2%。其中，医疗健康行业发布 57 个模型，占比 20%；金融行业发布 35 个模型，占比 12.5%；传媒游戏行业发布 27 个模型，占比 9.7%，详见图 5-2。这三个行业侧重于提供知识型价值和服务，且具备较高的数字化水平，非常适宜运用大模型技术来提升效率和服务质量。这种现象激发了大模型供应商和应用企业双方的积极性。

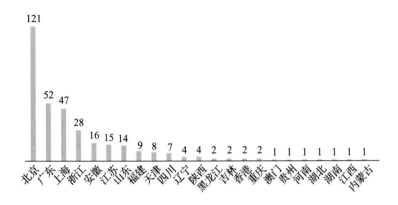

图 5-1　2023 年我国行业大模型地区分布情况

数据来源：天翼智库根据公开数据统计

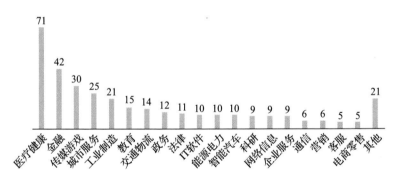

图 5-2　国内行业大模型的行业分布情况

数据来源：天翼智库根据公开数据统计，统计时间截至 2024.3.30

5.1.2　行业大模型技术和部署路线

1. 技术路线

行业大模型是基于通用基础模型，结合特定行业场景的专业知识、专家经验和生产数据进行专项训练的模型。构建行业大模型的主要步骤如下。

第一步，理解行业需求，进行语料收集与治理。在构建行业大模型之前，首先需要深入理解特定行业的需求和特点，包括行业的语言习惯、知识结构、数据类型以及特定问题的解决方案。接着，收集高质量的行业专用语料，并开展语料治理工作，如数据清洗、格式转换和数据标签化等。

第二步，模型精调及微调。首先基于通用大模型或开源大模型，根据行业需求进行深度定制和优化，包括调整模型结构、优化模型参数及增加行业特定的数据集进行精调训练。目前，行业大模型常用的精调算法包括有监督精调算法和参数高效精调算法等。此外，行业机构还可以使用私有语料进行模型微调，或者外挂私有数据库等。

第三步，模型评测与优化。对精调后的模型进行评估，以判断该模型是否满足行业场景的应用要求。根据评测结果进行模型的重训优化，包括调整参数、采用不同的训练策略或引入提示词工程等。

例如，中国电信研究院研发的"启明"网络大模型，是在通用开源大模型的基础上，针对通信行业的专业知识与特色数据进行学习，输出预置网络核心场景任务的网络大模型，如图 5-3 所示。通过"预训练＋微调"的方式，该模型不仅满足小样本场景的需求，还降低了网络 AI 应用的门槛，提升了细分场景下的应用效果，实现了大模型辅助的网络智能运维，满足了网络自治的需求。

图 5-3　中国电信研究院行业人模型构建流程

2.部署方式

根据部署环境的不同，我们可以将大模型的部署方式分为私有化部署、行业云部署和公有云部署等。

私有化部署方式是指将大模型部署于自有服务器或私有云，或者采购大模型一体机。这种方式可以保障数据安全，尤其适合需要使用内部语料训练的行业企业。企业可以根据自身需求，定制和优化模型，并随时增减资源。不过，这种部署方式需要投入大量资金和人力来建设与维护。通常，大型企业组织机构和对数据安全要求高的企业会采用这种部署方式。投入相对较低且希望私有化部署的企业还可以选择采购大模型一体机。大模型一体机整合了训练和推理功能，使训练和推理在同一设备上运行。目前，国内主要的大模型一体机产品都与华为合作推出，包括讯飞星火一体机、云天天书大模型训推一体机、智谱－昇腾 GLM 大模型一体机。

行业云部署是指由行业内起主导作用或掌握关键资源的组织建立和维护，以公开或半公开的方式，在确保数据安全的前提下，向行业内部或相关组织提供云平台服务。这种方式在满足数据安全可控的同时，还具备成本低、扩展性强等优势。

公有云部署是指通过标准接口在公有云上部署大模型，由云服务提供商负责维护和管理，具备更低的成本和更高的灵活性。这种方式已成为中小企业部署大模型的主流方式。据悉，国内有超过一半的大模型运行在阿里云上。百度智能云旗下的千帆大模型平台已纳管 42 个主流大模型，服务超过 17000 家客户。

综上所述，各种部署方式各有优劣。行业企业用户首先需要明确需求和目标，其次要根据业务场景和技术要求，选择合适的硬件和软件环境，以探索采用合适的部署方式。

5.2　医疗大模型：最具应用价值的行业大模型之一

医疗行业被视为 AI 大模型应用的最佳场景之一。这一行业与 AIGC 在内容处理和智能计算领域的核心能力高度契合。AI 大模型基于多模态医学数据，构建综合性的分析与推理能力体系，这不仅能提高医生的诊断准确率和治疗效果，还能为患者提供更优质的医疗服务。与移动互联网相比，大模型技术有望为医疗行业多个环节带来更精确、高效、人性化的服务。这将实现医疗行业的成本降低和效率提升，推动新型智慧医疗服务模式的构建，并对行业变革产生重要影响。未来，大模型将在医疗领域扮演越来越重要的角色，为医疗行业贡献巨大的应用价值。

5.2.1 医疗大模型产业图谱

目前，国内已发布医疗行业大模型 71 个，主要来自药械、医健类企业和互联网科技企业。我国"AI+医疗"相关企业数量超过 14 万，京东健康、医联、百度灵医智惠、科大讯飞、卫宁健康等众多企业纷纷推出自家产品。据不完全统计，自 2023 年 2 月份以来，已有 10 余家企业发布或准备发布医疗大模型产品，如图 5-4 所示。医疗大模型产业主要分为医疗信息化厂商、AI 大数据、互联网医疗平台和科研机构。它们从各自擅长的领域切入，与基础大模型企业合作，共同推动医疗大模型的创新与应用，加速医疗健康产业的智能化转型升级。

医疗信息化领军企业深耕医院客户多年，拥有丰富的行业知识和强大的技术实力。它们有望从传统的 HIS 等医疗信息系统建设切入智慧医疗建设。科大讯飞利用星火认知大模型打造"诊后康复管理平台"，将"专业的诊后管理和康复知识延伸到院外"。该平台能根据患者健康画像自动分析，为患者生成个性化康复计划，并督促患者按计划执行。

互联网医疗平台企业，如京东健康等掌握着 C 端患者入口，并依托在线问诊等互联网医疗需求切入智慧医疗建设，未来有望实现 B 端和 C 端的双重驱动。

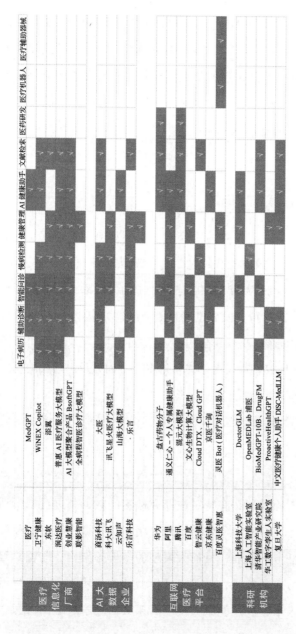

图 5-4 2023 年中国医疗大模型产业图谱

数据来源：公开资料整理

AI大数据企业（如科大讯飞和商汤科技等）拥有AI和大数据等核心技术。它们通过新兴技术赋能医疗产业，在数据和技术驱动下有望开辟智慧医疗的新应用场景，并实现快速增长。当前，大量互联网医疗公司和传统医疗公司正在涌入大模型应用场景。成熟的AI医疗企业正在扩大产品线布局，开拓战略合作伙伴。

5.2.2 三大典型应用场景

根据中国信通院发布的医疗健康大模型应用案例库（截至2023年9月底），国内外有超过260个典型案例（包括已发布或在研）。该库展示了大模型在医疗行业中的发展潜力，并进一步梳理、突出了医疗行业发展迅速、潜力巨大的应用场景。目前，大模型在智能问诊、医学影像分析、医疗问答、辅助诊疗、电子病历生成、健康管理以及医学教育等多个方面显示出增长的应用价值，相应的场景探索正加速进行。

场景一：医疗服务

大模型具备高度灵活性和可重用性，是通用医疗人工智能的一个重要技术特征。传统医疗人工智能模型针对特定任务设计和训练，依赖大量具有特定注释和标签的数据集进行专门训练。这种方法使得模型局限化，只适用于执行训练数据集和标签预定义的任务。然而，目前大模型的多模态架构、监督学习及上下文学习等新技术，使基于大模型开发通用医疗人工智能成为可能。未来，医疗健康大模型有望灵活地解析不同的医学

模态数据（这些数据可能来自成像、电子健康记录、实验室结
果、基因组学、图表或医学文本），并可能生成具有更强表达能
力的输出（如自由文本解释、简单建议或图像注释），展示出高
级医学推理能力。在辅助临床诊断决策、CT 影像识别协助病例
筛查以及智能分析、慢性病监测与诊疗等场景中，微软、百度、
医联等企业已发布的医疗大模型主要围绕医疗服务场景，在商
业化应用方面走在前列，有望推动互联网医疗和基层医疗服务
质量的提升。

- 智能问诊：在用户日常生活中遇到医疗健康问题时，大模
型借助广泛的医学数据和知识训练，具备通过多轮对话
了解用户疑问及想法并给出专业翔实的回答的能力。具
体为大模型支持通过与用户连续多轮对话，初步预测病
情、建议挂号科室、推荐医院及医生，同时提供健康科普
和用药建议等多场景功能。

- 影像辅助诊断：大模型通过对医学影像图文数据集进行训
练，自动生成影像诊断报告。具体为大模型结合视觉理
解和文本知识，能以对话方式解释胸部 X 射线等医学图
像，回答相关问题并生成影像诊断报告。

- 智能诊断与预测：大模型能处理和分析大量的病理学、临
床记录和基因组学数据。它从大量的医学文献和临床病
例数据库中学习知识，并结合患者的个人信息与检测结
果进行综合分析，生成诊断与治疗建议。此外，它还可
以评估治疗选择、预测疾病风险及提供紧急预警，为医

生和研究人员提供决策支持。

【案例】医疗健康大型语言模型"大医"

商汤科技研发的医疗健康大型语言模型"大医"，是基于公司自研的千亿参数规模的大型语言模型"商量"（拥有万亿 Token 预训练语料）所建立的。该模型利用超过 200 亿 Token 的高质量医学知识数据进行训练。数据范围涵盖医学教材、医学指南、临床路径、药品库、疾病库、体检报告等资料，以及 4000 万真实病历和医患间的问答对话。在增量预训练、指令调优、奖励模型构建以及基于执业医师反馈的强化学习训练的基础上，商汤科技自主研发了长程记忆存取、医学知识库查询、医学计算器等实用性插件，使得"大医"能够精确回答医疗健康领域的专业问题。目前，"大医"已经向医疗健康产业链上下游机构客户开放服务，并将进一步探索与营养保健、健康管理等领域的企业、机构合作，为产业链的高质量发展赋能。此外，商汤科技还与行业伙伴合作，推出了医疗影像大模型、生物信息大模型等多种垂直领域的基础模型群，覆盖了 CT、MRI、超声、内镜、病理、医学文本、生物信息等不同医疗数据模态。

- 智能导诊、预问诊：面对患者的就诊需求，"大医"能够在门诊环节充当医生的"助手"，实时记录、整理、识别医患问诊对话内容，将提取总结的病历信息上传至电子病历系统，解放医生双手，提高临床效率。
- 智能诊断：在临床诊疗场景中，"大医"能够提供临床辅助决策支持；在诊后场景中，"大医"可为患者提供用药指导，并帮助患者建立随访档案及制订随访计划，提高医疗服务质量和患者获得感。

- 电子病历："大医"可以总结患者就医阶段性小结、出院小结等多种实用临床模板，还支持将医学影像报告、临床病历中的自由文本一键生成结构化报告，方便医生进行医学统计，提升科研效率。

"大医"聚焦智慧大健康、智慧患者服务、智慧临床以及数智建设四大应用领域，已覆盖智能自诊、咨询体检、健康问答、导诊、预问诊、用药咨询、诊后管理、智慧病历、诊室听译机器人、智慧医助、智慧随访、影像报告结构化及病历结构化 13 个细分医疗健康场景，实现功能与具体场景的精准匹配，推动医疗健康全产业链数智化转型。

场景二：医药研发

大模型可应用于药品和器械从研发到上市前的的全过程，涵盖了上市前的药物发现、临床前研究、临床试验、注册申请以及上市后的再评价等各个环节，实现了提速、降本增效的目标。同时，为药械企业提供医药信息情报与行业知识问答的大模型也在不断出现，进一步推动了药械产品研发创新。特别是在制药领域，新药研发面临高成本、长周期和低成功率的挑战，而大模型以其较高的预测能力在药物设计、筛选、优化和验证这些关键环节，实现了效率和效果的双重提升，从而缩短了药物研发时间并降低了研发成本。

【案例】华为云 AI 推动超级抗菌药 Drug X 研发加速，成药性预测准确性提升 20%

在医药研发方面，盘古大模型对药物分子的学习和理解程度达到或者超过化学专家的水平，而且其设计的化合物的新颖性可以达到 99%。相比传统方式，AI 技术让成药性预测准确性提升 20%。华为云基于盘古药物分子大模型，推出盘古辅助制药平台。该平台提供一站式功能支持，简单易用，覆盖药物研发全场景、全流程，能够将先导药物研发周期从数年缩短至 1 个月。基于华为云盘古药物分子大模型打造的 AI 辅助药物设计服务，西安交大一附院的刘冰教授团队成功研制超级抗菌药 Drug X。该药物通过靶向微生物类组蛋白 HU，抑制细菌的 DNA 复制以达到抗菌效果，是世界上首次发现噬菌体编码靶向细菌类组蛋白 HU 的抑菌抑制剂，有望成为全球近 40 年来首个新靶点、新类别的抗生素。在华为云盘古药物分子大模型的辅助下，Drug X 先导药的研发周期从数年缩短至一个月，研发成本降低 70%，大幅提升新药研发效率。同时，除了抗菌，在抗疟原虫以及其他寄生虫领域，Drug X 已经取得一些良好效果反馈，处于临床前阶段，并已在国际范围申请专利。

场景三：医疗机器人

大模型有望改善机器人的视觉和交互能力，赋能术中导航和病灶识别判断。尽管大模型在医疗机器人中的应用处于初期阶段，但预计将对医疗机器人的视觉、交互和自主性产生重大影响。结合大模型，手术机器人不仅可以增强病灶分割能力和 3D 视野的导航能力，还可以融合视觉和触觉的多模态信息，从而在脑手术中对病灶进行更精准的识别和判断。此外，大模型还能赋能康复和陪伴类机器人，加强这些机器人对人类意图、手势、语音和情绪的理解，进而提升康复群体和老年人护理服务的质量。大模型的适应性和泛化能力已经被用于提高通用机器人的自主性。未来，大模型可能会推动医疗机器人的进一步发展，医疗器械中新增 AI 模块的趋势已见端倪。在医疗影像阅片场景中，大模型已有应用；在重症和检验领域，医疗大模型和医疗器械的结合正成为探索的重点方向。

【案例】大模型加持手术机器人，助力分级诊疗

中国科学院香港创新研究院人工智能与机器人创新中心刘宏斌主持研发了该中心的 Embodied AI 多模态手术大模型和 MicroNeuro 微创脑手术柔性机器人系统，以实现 AI 与机器人协作，辅助医生进行微创脑手术。

MicroNeuro 是国际上第一个用于微创神经外科的柔性机器人系统。脑外科医生可以操作机器人到达脑部深处，并进行稳、准、可见的智能化微创手术，同时将脑组织损伤降低 50% 以上。MicroNeuro 还集成了 AI 多模态手术大模型，能够在手术过程中实时融合视觉、触觉等多模态信息，协助医生对手术场景进行实时推理、判断。该手术机器人系统性的突破主要体现在两方面：一方面是对微小且柔软器械的精准控制，将手术大模型与机器人相结合，有效帮助医生在高度紧张的情况下顺利完成脑手术；另

一方面是手术机器人有语言功能和实时影像信息分析能力，比如内窥镜超声等功能模块已经集成到大模型里，以便辅助医生判断目前的手术进行到哪一阶段，有哪些需要注意的事项。

5.2.3 "AI+医疗"市场前景广阔

大模型和医疗相结合的发展初期，市场规模增长率十分巨大，前景相当广阔。随着技术的不断成熟和数据的日益丰富，医疗大模型在医疗领域（如药物发现、个性化医疗、医学影像和数据增强）遇到的阻碍将得到克服，有助于加快医疗领域的发展。根据亿欧的预测，2023—2030 年是中国医疗大模型集中爆发的阶段，如图 5-5 所示。据 MarketsandMarkets 预测，到 2025 年，全球医疗大模型市场规模将达到 38 亿美元，而到了 2030 年，这一数字将超过 100 亿美元。目前，"AI+医疗"市场的竞争格局尚未稳定，机遇依然巨大。

据 Frost&Salivon 数据显示，2020—2025 年"AI+医疗"市场规模高速增长，2025 年市场总规模将达到 348 亿元，年增速保持在 40% 左右。观研数据中心的数据显示，在 AI 细分市场中，医学影像、数据交换与存储、综合辅助诊断的市场规模占比较高，分别为 34%、22% 和 13%。动脉橙的数据显示，从 2022 年 1 月 1 日至 2023 年 6 月 28 日，全球生成式 AI 医疗领域的累计投融资事件超过 160 起，累计投资金额达到 57.1 亿美元。

医疗大模型已经成为医疗 AI 核心软件市场增长的关键驱动力。预计未来三年，相关 AIGC 投入的年增长率约为 30%。

Statista 的报告预测，全球医疗 AI 市场将保持 37.0% 的增长率，预计到 2025 年市场规模将达到 1879.5 亿美元，中国医疗 AI 市场在 2020—2025 年间的复合年增长率将高达 43.9%，领先于全球市场的增长速度。

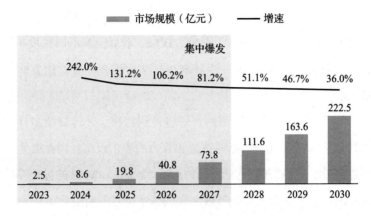

图 5-5　2023—2030 年中国医疗大模型产品市场规模及增速集中爆发

5.2.4　医疗大模型多模态融合发展

尽管大模型已经在医疗行业的众多细分领域引起了广泛关注，但模型的解释性、数据隐私以及安全等问题仍然是其在医疗场景应用中需要解决的难题。《人工智能大模型赋能医疗健康产业白皮书（2023 年）》指出，现阶段大模型呈现出家族化、多模态、融合化和协同化的发展趋势，并且强调了大模型与小模型的协同发展。

医疗健康领域的大模型正在向多模态发展迈进，这是通向通用医疗人工智能的关键。多模态的数据格式和处理需求，以及医疗健康数据和应用场景的复杂性，都在推动着大模型的多模态融合发展。

1）多模态医疗大模型的规模将更加庞大，能处理的医学模态数据将更为丰富。目前，这类大模型主要处理视觉和语言两种模态。未来，它们能融合更多模态数据进行大规模预训练，并结合各种数据类型（如文本、图像、视频、音频）及不同尺度（如分子、细胞、组织），进一步释放在科学发现和临床诊疗方面的潜力。

2）多模态医疗大模型的训练将得到加速。处理复杂多样的生物信息和医学健康数据对算法和算力的要求极高，因此必须采用更高效、更经济的训练方法和技术。类似 FastMoE 的优化算法将持续出现，大模型的计算效率和训练速度将不断提升。

3）多模态医疗大模型将实现"真正的统一"。这类模型将能够适应多种不同类型、模态和层次的生物医学数据，完成有效且鲁棒的信息编码、解释和生成等操作。它们还将适应多重医疗场景和满足不同诊疗需求，服务于大健康产业。

4）多模态医疗大模型将进一步融合不同领域、任务和模态的知识，并将这些知识创新性地应用于各种生命科学研究和医疗健康场景中。它们将实现多领域的多模态知识融合，并具备跨模态的表达能力。这将使其能够处理和生成包括文本、图像、音频、视频等在内的多种类型的医疗健康数据，并实现不同模态数据之间的语义对齐和信息互补。这样，大模型将更好地服务于科学家、临床医生和病患。

5.3　媒体大模型：推动媒体业智能化升级

近期，随着大模型技术的飞速发展，媒体行业正在经历一场前所未有的变革。媒体行业的核心是内容创作及传播，具有四大显著特征：信息传播速度快、内容形式多样化、个性化服务和强互动性。随着消费升级，传统的内容生产和传播方式已经难以满足用户对新内容、快速互动和个性化日益增长的需求。大模型技术的优势恰好可以满足媒体行业智能化升级的需求，解决生产经营中的高成本、长周期、同质化严重和产出不稳定等问题（见图 5-6）。例如，近来 OpenAI 发布的视频大模型 Sora 极大地提升了媒体行业在图像、视频内容供给方面的能力。一方面，它降低了人力和时间成本；另一方面，它能更高效地产出富有创意和特效的内容，从而提升用户体验。总体来看，大模型将改变媒体行业的内容生产方式，实现降本增效，促进数字技术和实体经济深度融合，并深刻改变市场格局。媒体行业可能将成为大模型影响最大的行业之一。

目前，包括新华社、人民日报、中央电视台在内的各大媒体已将大模型技术嵌入其工作流程。据 IDC 测算，2020 年中国智能媒体解决方案市场规模已达到 4.8 亿元，预计从 2020 年至 2025 年，其年均复合增长率将达到 46.3%，到 2025 年市场规模预计将超过 30 亿人民币。其中，AI 数字人、文本到视频生成等技术将成为智能媒体市场的技术高点。媒资管理、内容安全审核等重点场景的市场空间也将继续扩展。

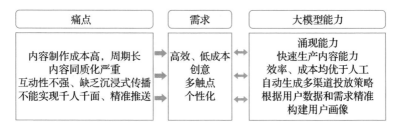

图 5-6　当前媒体行业痛点、需求及大模型能力

5.3.1　媒体大模型产业图谱

据不完全统计，截至 2024 年 3 月底，国内媒体行业已正式发布的大模型共计 30 个。媒体大模型提供商主要包括主流媒体行业公司 / 机构、互联网及硬件企业、AI 科技公司及科研院所，相关信息如图 5-7 所示。

主流媒体行业公司 / 机构成为媒体大模型的核心提供商，主要是因为它们拥有大量高质量行业数据以及对行业需求的深入理解。这些公司 / 机构通常从自身的业务需求出发，进行大模型的自主研发或合作开发。根据行业图谱汇总数据显示，目前媒体大模型提供商在大模型产品的研发重心集中在"制"和"审"两个方面，目的是帮助媒体行业公司 / 机构在内容生产和审核环节提高质量和效率。

例如，互联网和硬件巨头如百度、华为、新华三凭借其在算力、算法、数据、人才、资金和客户资源方面的优势，积极推动生态合作，全方位提升媒体工作的质效。具体来说，百度文心与人民网、电影频道合作推出的大模型场景解决方案，极大地提升了选题策划、信息采编、内容制作、内容审批等环节的工作效率；华为与新华网、环球网、央视网、湖南广电等主流媒体合作，针对内容编排、内容制作、播报分发、用户运营等环节提供技术赋能。

根据处理媒介的特点，AI 科技公司可以分为三大类：以计算机视觉（CV）技术为主的 AI 科技公司、以语音识别（ASR）技术为主的 AI 科技公司、以自然语言处理（NLP）技术为主的 AI 科技公司。这些公司的特色在于其强大的技术支持、市场洞察力和创新能力。在大模型兴起前，这些 AI 科技公司已经在垂直领域有多年的应用开发经验。随着大模型技术的进步，它们迅速提升了自身的技术水平，为客户提供了更有效的场景解决方案。目前，在内容制作和播报分发等方面，它们已有较多的布局，这与各企业的主营业务紧密相关。2023 年中国媒体大模型产业图谱如图 5-7 所示。

5.3.2　六大典型应用场景

大模型正在逐渐改变媒体内容的生产和交互方式，加速媒体行业进入智媒时代。目前，大模型正快速渗透到媒体行业的"策、采、编、审、发、运"等各个工作场景中。

场景一：选题策划

在选题策划上，通过大模型从海量数据库中挖掘受众阅读重点，并自动捕捉预测热点、监控预警舆情信息以及追踪新闻专题，可有效解决新闻选题策划中"浏览难、分析难、选题难、查

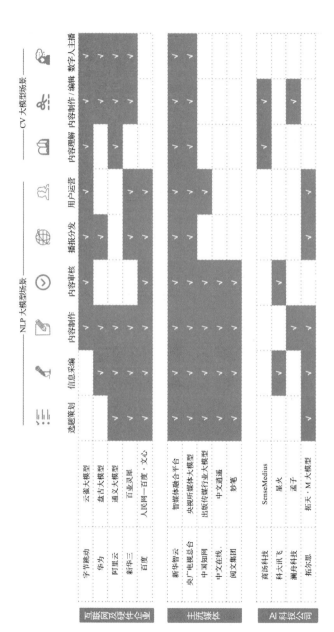

图 5-7 2023 年中国媒体大模型产业图谱

找难"的问题。例如，在热点捕捉预测方面，编辑团队以往需耗费大量时间搜集信息，并依据经验及直觉判断哪些话题会吸引读者。应用大模型技术则能迅速整合当前的社交动态、搜索热词和新闻流，高效汇聚海量创作资源，并通过关联分析时事、发现热点。在自动化选题生成方面，面对每日瞬息万变的新闻事件，人工策划选题不仅耗时，还易错失时机。而大模型可即时捕捉到潜在的新闻线索和用户兴趣点，提供更精准的选题推荐，大大提高编辑的工作效率和内容的时效性。

场景二：信息采编

在信息采编环节，大模型带来的降本增效主要体现在信息自动化收集、提取和更新上。

- 在信息自动化收集方面，编辑以往在准备报道时通常需要浏览多个新闻源，这一过程烦琐且容易遗漏重要信息。大模型可以自动汇集来自不同渠道的信息，确保编辑工作时能够全面掌握事件的各个维度。

- 在关键信息提取方面，以往在海量信息中找到报道核心，需要阅读大量包含图文、视频、音频信息，对于采编人员的行业认知和分析能力的要求较高，且耗时耗力。而大模型能够在短时间内初步筛选出最有价值的信息片段，帮助记者构建事实框架，提高新闻报道的深度和质量。

- 在实时新闻更新方面，随着新闻事件的发展，对事件追根溯源的工作量将不断增大，持续更新报道将存在挑战。

大模型检索可以实时追踪事件进展，提供连续的信息流，确保报道内容的新鲜度和准确性。

场景三：内容制作

大模型在内容制作环节的应用包括文稿写作、自动生成标题和摘要、图文转换成视频、生成视频字幕以及视频自动剪辑等，极大地提升了新闻工作者的生产效率。例如：在文案自动生成方面，传统写作方式通常需花费较长时间进行思考和编辑；而大模型可以根据给定的提示词，在几分钟内生成高质量的初稿，显著提高了写作效率。在多媒体内容创作方面，传统方式依赖专业人员的技能和创意，耗时且成本高；大模型可以协助快速生成或编辑图像与视频，使得内容创作既高效又风格多样。在个性化内容定制方面，以往针对不同用户标签定制独特内容几乎是不可能完成的任务；而大模型通过分析内容标签及用户标签等数据，能为每位用户创作与个人偏好相关的内容，从而提升用户体验和内容吸引力。

场景四：内容审核

在内容审核环节，大模型可实现对文本、图像、语音、视频等内容自动化、智能化的审核，解放审核人力。

- 在内容审查方面，大模型能快速识别出文本、图像、视频、语音中的不合规或敏感类内容，提高内容审核效率，减少因人为疏忽而导致的错误。

- 在内容版权验证方面，大模型通过与海量数据库比对，

能够快速识别所创作内容的版权状态，保护公司免于法
律风险。

- 在新闻事实核查方面，在假新闻和信息泛滥的背景下，
  事实核查变得尤为重要。大模型可以作为一个强大的辅
  助工具，对报道中的事实进行快速验证，确保发布的内
  容真实可靠。

场景五：播报分发

在新闻播报分发环节，大模型能以聊天机器人、数字人等更
互动、更拟人的形式将媒体内容传播给受众。它还可以通过实时
对话来精准、动态地对接用户需求，通过"一对一"的人机服务
模式不断完善用户画像，实时生成内容信息，从而实现精准传播
并增加用户黏性。例如，在虚拟主播方面，大模型使新闻播报不
再完全依赖播音员和主持人。虚拟主播在重构内容生产和传播场
景、提升内容互动性、提升内容趣味性、内容年轻化方面逐渐显
示出其应用成效，成为融合发展探索中的新趋势。此外，在跨平
台内容分发方面，内容分发策略极为关键，决定了是否能有效触
及潜在受众群体。大模型能够分析各平台的用户行为，并通过历
史数据确定不同内容的最佳分发渠道和时间，确保触及到最广泛
的受众群体。

场景六：用户运营

在用户运营环节，媒体运营者可以依靠大模型的强大计算
能力，根据用户的兴趣、偏好、历史记录和即时需求，向其推送

个性化新闻内容。这样可以提升新闻的精准到达率，增加用户的参与度和满意度。例如，在受众偏好识别方面，传统的分析方法主要依赖历史数据和分析人员直觉，这可能无法准确捕捉用户的最新兴趣。大模型可以综合分析用户的互动、阅读历史和社交反馈，深入挖掘用户行为背后的模式和偏好，为各个用户群体量身定制内容。这样，运营团队能够真正实现受众的精准画像构建，并制定更有效的策略。在用户促活策略优化方面，保持用户的长期活跃是媒体企业的关键目标。大模型通过预测用户的行为趋势，可以帮助设计个性化的用户留存方案，这将增强用户的忠诚度，并提升品牌价值。国外的研究显示，如果在新闻订阅领域使用大模型进行个性化营销，并实现平均转化率的提升，媒体投资回报率可以高达5700%。

【案例】中科闻歌——雅意媒体宣传大模型解决方案

雅意媒体宣传大模型的底层架构已经实现了对实时在线联网、离线私有部署、企业数据接入和领域深度分析等功能的支持，能够为媒体行业的用户提供快速构建安全可靠的专属领域大模型应用服务。结合用户提供的策划思路，这一大模型可以通过大数据检索并分析互联网上的热点事件，提供用户所需的热点选题，并自动生成相关报道。同时，该模型可以完成文章大纲的自动生成和风格仿写，以及画图和跨模态审校等。在多模态内容生成方面，该模型可以自动生成视频脚本，并结合AI主播完成视频制作。

在与红旗融媒体中心的合作中，中科闻歌基于雅意媒体宣传大模型的能力底座对红旗融媒体智能平台进行了升级，为专业媒体从业者提供了全方位的生产辅助支持。例如，在国际传播平台的应用中，地道外文写作速度提升了近 10 倍，降低了 80% 的真人外语主播成本，同时显著提升了视频生产效率和产量；在网上新闻平台的应用中，首发新闻生产时间节省 80%，并达到分钟级活动素材整理；在智能采编平台的应用上，资料查阅时间节省 80%，报道长图制作时间节省 75%（见图 5-8）。

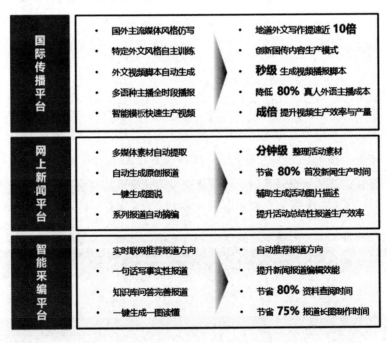

图 5-8 雅意媒体宣传大模型解决方案

【案例】人民网—百度·文心大模型

人民网—百度·文心大模型是由百度与人民网舆情数据中心共同打造的。该模型融合了人民网舆情数据中心在传媒行业的丰富经验和任务样本数据，以及双方在预训练大型模型技术和传媒领域业务及算法上的专业知识。目前，该模型已在人民网舆情数据中心的新闻摘编、报告生成等重要应用场景中进行验证，并已取得了显著效果。例如，在新闻摘要生成任务的人工测评中，摘要可用率相较于基线模型提升了约 7%；在新闻内容审核分类测评中，该模型准确率相较于基线模型提升了 6%；在舆情分析中，该模型准确率相较于基线大模型提升了 4%，如图 5-9 所示。

【案例】央视听媒体大模型

央视听媒体大模型是中央广播电视总台与上海人工智能实验室联合发布的首个专注于视听媒体内容生产的大模型。它融合了中央广播电视总台的海量视听数据和上海 AI 实验室的原创先进算法以及大模型训练基础设施的优势。该模型具备快速生成"数字人主播"的能力，只需使用较短的真人采集视频，即可生成对应的数字人。大模型生成的数字人主播以"真人"形象出现，不仅能根据既定文案和背景场景快速生成播报视频，还能自动学习真人的语言和动作习惯，实现形象更逼真、表情更自然（见图 5-10）。

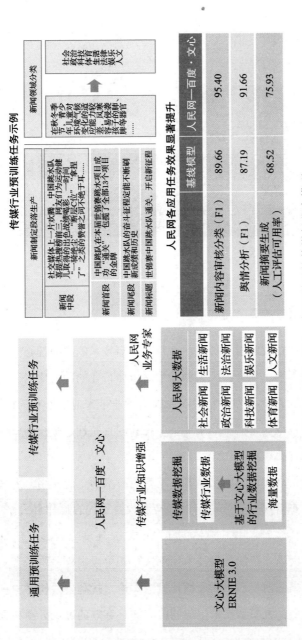

图 5-9　人民网—百度·文心：知识增强的传媒行业大模型

人民网各应用任务效果显著提升

	基线模型	人民网—百度·文心
新闻内容审核分类（F1）	89.66	95.40
舆情分析（F1）	87.19	91.66
新闻摘要生成（人工评估可用率）	68.52	75.93

图 5-10　基于央视听媒体大模型的数字人主播解决方案

5.3.3　大模型重塑后的媒体业

在媒体行业的发展历程中，每一项新技术的出现都必然对其产生重要影响。如今，大模型技术对媒体行业的冲击比以往任何技术的革新都要剧烈。它不仅为媒体行业带来前所未有的机遇，也带来了挑战。这些挑战主要集中在新闻真实性、版权确权以及信息茧房方面。

在新闻真实性方面，随着人工智能技术的广泛应用，内容创作变得更加容易，越来越多的参与者投身于内容制作和分享中。这种"群体生产"和"集体创作"的媒介环境导致虚假信息和有害内容泛滥。智能分发技术使不法分子可以轻松地跨平台、大规模发布虚假内容，从而便捷地操控舆论，扰乱公共秩序。在版权确权方面，大模型技术生成的内容缺乏有效的确权机制和合理的利益分配，引发诸多版权、数据权益和隐私保护问题。由于大模型的原理，其生成的内容难以追溯原始依据、引用的观点及原创来源。同时，生成内容的时效和随机性使得对侵权行为难以追责。在信息茧房方面，如果推荐算法广泛应用于内容分发，受众群体的阅读模式将逐渐转向"个人日报"状态，即长期只接触自己感兴趣的信息类型。这种现象会导致观众难以接触到多元的声音和观点，形成信息的自我封闭圈。此外，人机交互的封闭方式使得受众的意见和思想被集中到技术提供者手中，大模型生成的内容可能不被察觉地影响人们的认知，这对网络舆论管理和网络空间治理构成了巨大的挑战和风险。

尽管存在这些挑战，未来大模型技术在媒体行业的应用仍然被看好。它将更有效地服务于媒体行业，使新闻从业者能够从重复的劳动中解脱出来，创作出更有价值的新闻作品。更加智能的信息推送也将给用户带来更好的体验，预示着我们将步入一个全新的智能化时代。

1. 人机协同将成为新的新闻生产方式

随着 AI 技术在新闻业的广泛应用，新闻机器人和新闻从业者的工作将会明确分工，各有清晰的定位。简单重复的工作应由机器人负责，而需要深度思考和进行价值判断的复杂任务应由专业的新闻从业者承担。作为最有能力的内容生产者，新闻从业者在未来将起到更加积极的作用，帮助主流媒体重归专业化轨道。

2. 事实核查与内容校对将成为关键

随着 AIGC 应用的发展，事实核查与内容校对的作用将变得越来越关键。类似的岗位将扮演"把关人"的角色，负责对大模型生成的内容和细节进行校对与核查，以避免产生虚假信息。

3. 信息推送将更注重社会价值

未来，大模型技术将得到进一步完善。它不仅会关注个人的兴趣并进行私人化定制，还会适当地向用户推送兴趣之外的内容，帮助公众意识到自己的认知体系正在逐渐变窄。同时，这一技术将提升算法在价值判断和人性推理方面的能力，从而能更深入地分析公众的价值观并给予适当的引导。具体而言，就是通过算法深入了解公众，进而引导舆论。

4. 媒体大模型的使用伦理、应用规范将被建立

媒体作为国家高度重视的传播途径，已形成一套自身的专业规范要求。随着科技的发展，针对大模型、AIGC 等新技术的使用伦理、应用规范也应当被建立。这样，内容创作者、大模型产品研发者、传播媒介管理者等角色就可以共同遵守这些规范。

5.4 金融大模型：有望率先规模化落地

近年来，金融机构面临市场竞争加剧、人力成本上升、市场监管趋严等多重挑战。同时，作为劳动密集型行业，金融机构在国内人力成本不断上升的环境中，面临降本增效的压力。此外，各级政府对金融市场加强了监管，对金融机构的合规运作提出了更高的要求。

在这种多重压力下，金融机构亟需借助 AI、大数据等数字

技术加快转型，提升金融服务质效及企业竞争力。自 2023 年以来，随着生成式人工智能技术的突破性发展，金融机构积极探索大模型在金融领域的落地应用。根据国内 42 家上市银行的 2023 年半年报，已有 28 家提及关于 AIGC、大模型和人工智能等技术相关布局或进展情况。词条"数字化""智能化"在这些报告中被多次提及，其中，四大国有银行均提及了大模型的建设现状。

目前，大模型及相关产品在计算机视觉、智能语音与对话式 AI、机器学习、知识图谱、自然语言处理等方面的细分应用和垂类功能逐渐完善。这些技术可在金融业务场景中实现与金融机构数字化转型需求的高度匹配，成为促进金融业数字化升级的选择刚需，如图 5-11 所示。

5.4.1　金融大模型产业图谱

据不完全统计，截至 2024 年 3 月 30 日，国内已正式发布的金融大模型超过 42 个。提供商主要包括互联网企业、AI 厂商、科研院所、金融机构和金融科技公司等，详情如图 5-12 所示。

百度、腾讯、蚂蚁金融等互联网巨头已在金融大模型领域实现上、中、下游全栈布局。这些公司不仅在算法调优和算力资源获取方面具有先天优势，而且凭借长期的产品开发与运营经验，为金融大模型的持续迭代提供了坚实支持。目前，互联网企业推出的金融大模型产品主要应用于营销和投研分析等场景，这些场景对用户金融数据的需求相对较小，因此成为早期市场验证的理想选择。

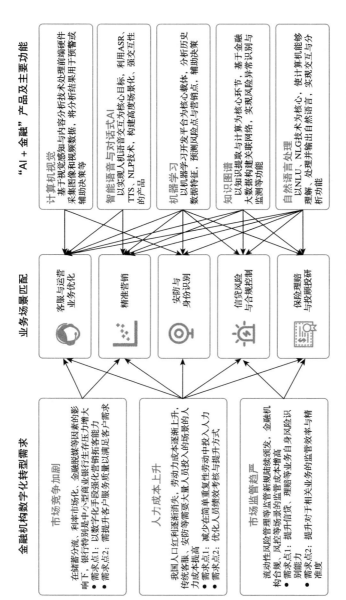

图 5-11　金融机构数字化转型需求、业务场景匹配、"AI+金融"产品及主要功能之间的关系

科研院所在大模型领域的探索通常位于技术创新的前沿。这些机构的创新研究为金融大模型在深度学习、自然语言处理、计算机视觉等领域的完善提供了坚实的技术支持。科研院所的大模型产品主要应用于虚拟数字客服、数据分析等垂直领域。

AI 厂商如商汤科技、科大讯飞等，凭借传统 AI 算法的能力储备，为大模型业务的发展提供了重要帮助。其大模型产品主要集中在员工智能问答助手、投研 / 理赔助手、客服坐席助手和数据分析等领域。

金融科技公司在金融大模型领域表现出对市场需求的快速响应能力以及提供高度专业化技术解决方案的能力。这些公司紧密追踪市场趋势和客户需求，迅速开发出满足特定金融服务需求的产品和服务，如风险预警和合规审查等应用。

银行、保险、证券等金融机构是金融大模型的主要使用者。部分机构也在积极开发自己的金融大模型。从行业图谱汇总数据来看，这些金融机构特别关注利用大模型优化信贷审批和反欺诈流程。

5.4.2　五大典型应用场景

大模型在金融业具有广阔的应用前景，能够贯穿前台、中台、后台的各个环节，帮助核心业务线进行流程再造和质量效率提升。目前，金融领域的大模型已在投资研究、风险控制、营销和服务等数字化经营的关键环节得到应用，并已取得良好的效果。

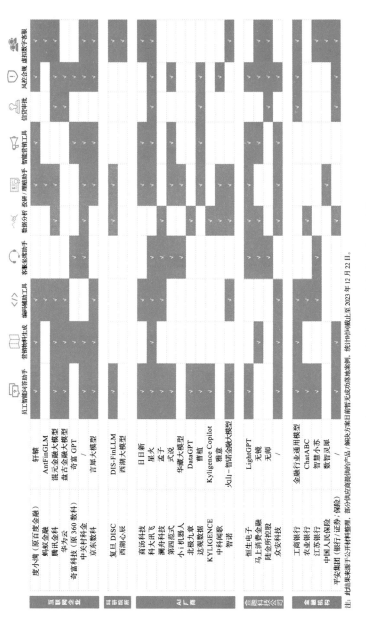

图 5-12　2023 年中国金融大模型产业图谱

注：此结果来源于公开材料整理。部分供应商提供的产品 / 解决方案目前暂无成功落地案例，部分供应商提供的产品 / 解决方案目前暂无成功落地案例。统计时间截止至 2023 年 12 月 22 日。

场景一：投研助手

投研领域被普遍认为是大模型最有可能首先得到广泛应用的场景。目前，该领域的工作主要依靠行业分析师和客户经理的知识与经验来完成。这种方式存在信息和技术的高壁垒。通过运用金融大模型，挖掘海量的专业知识、投资标的信息及大量投研数据，可以实现信息对称。这不仅能帮助投研人员更准确地理解客户需求，还能提高他们的分析水平与工作效率。

- 用户需求洞察：在投资咨询方面，通过大模型所提供的数据集特征，投资顾问可整理出不同客群在做投资决策时的风险偏好与顾虑因素，以便与客户的沟通更加高效、更具针对性。

- 金融市场及数据分析：大模型可以帮助金融机构对海量数据进行分析，从中发现隐藏的规律和趋势，帮助投资经理更好地分析和理解市场数据，识别潜在的投资机会，并提供投资建议。

- 投资研究助手：大模型十分擅长针对大量文本进行要点抽提与关键信息整理，这种能力使大模型成为专业投资顾问开展桌面资料研究的得力助手。

【案例】浦发—百度：投研助手在审计制度场景的应用案例

如图 5-13 所示，浦发与百度合作搭建审计知识库，通过"大模型＋向量数据库"构建了审计领域的制度搜索服务。向量数据库积累了自有的审计制度知识资产，同时采用了对话引导的问答交互方式。审计人员只需通过简单的问答方式，即可快速且准确地查找所需的知识。这一解决方案发挥了浦发银行丰富多样、高质量的知识资产优势，为审计人员提供了专业且时效性强的研究助手服务。

场景二：风控合规

以往，金融风险检测和分析主要依赖人工及风控模型。该过程涉及大量交易数据分析和风险案例研究，对风控人员的专业素养和经验要求极高。随着新型信贷欺诈和恶意攻击的复杂性、多样性日益增加，传统的风控方法已难以应对。大模型技术凭借其强大的学习能力和处理海量数据的能力，为解决这些问题提供了新的途径。

- 智能欺诈检测与分析：金融风控大模型不仅可以深度学习已有的风控策略和各类交易数据，有效识别新型欺诈行为和风险，而且可以根据实际情况动态调整风控策略，进一步提升风控效果，提供更精确的欺诈预警，为金融安全构筑坚实防线。

- 高效查询合规文件：以往翻查各类合规文件需要耗费大量时间，而大模型的处理能力使得文件的及时更新与条款检索变得简单快捷，有效提升营商风险管理水平。

- 合同文本生成与检查：在金融法律文书及合同模板的管理上，人工操作烦琐且易出错。大模型可以根据业务需求自动生成基础合同，并对风险条款进行标注，以提醒业务经理进行条款说明，确保金融业务合规。

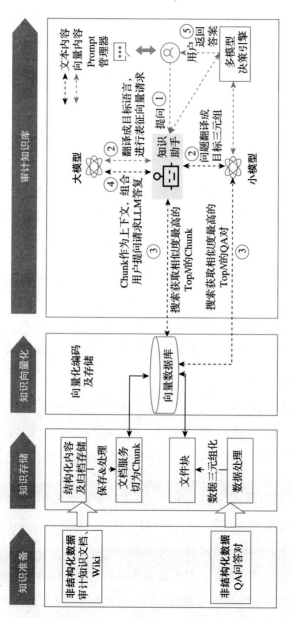

图 5-13 浦发银行投研助手——审计知识库问答场景大模型应用

- **安防与身份识别**：依托 CV 大模型的视觉感知与内容分析技术，对银行网点、券商开户中心、保险承保柜台等线下业务渠道进行实时监测与管控，将分析结果应用于业务风险预警或辅助决策等。

【案例】度小满：轩辕风控大模型在风控场景的应用案例

度小满轩辕风控大模型与原有的触发式风控决策引擎结合，通过理解客户的历史信息和洞察需求，构建小微企业及其企业主精准画像。该模型可以分析企业的经营能力和状况，能够紧跟小微客户的需求和风险变化，提供精准授信，有效地降低小微金融风险成本，如图 5-14 所示。此外，度小满轩辕风控大模型还通过引导客户提供针对性的资质材料，并结合风控决策引擎，从而产生新决策，有效提升客户融资需求的满足率。据官方介绍，引入轩辕风控大模型可以使银行信贷风险降低 25%。

场景三：理赔助手

在保险理赔等业务流程中，应用大模型能显著提升效率。通过图像识别和自然语言处理等先进技术，大模型能自动完成理赔的初步核定、定损、赔付等环节，有效缩短理赔周期，提升理赔效率。

- **智能化处理进件**：借助大模型的识别和分类能力，可快速完成大量材料的自动识别与判断，极大地提高了工作效率，同时提升资料审核的精准度。

- **文件要点提取**：利用大模型自动提取文件中的关键信息，减少人工甄别工作量，辅以人工二次核查，让保单承保、理赔等业务流程更加顺畅。

- 客户信息的自动录入：通过大模型实现保单资料自动录入
  和分析，显著提高数据录入的准确性和处理效率。

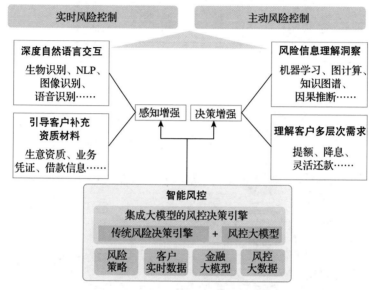

图 5-14　度小满轩辕风控大模型应用模式

【案例】众安科技：利用智能保险系统实现自动化理赔处理

　　众安科技基于大模型研发了新一代财险核心业务平台，如图 5-15 所示。该平台具备智能识别理赔医疗票据功能，能够自动填充并解析医疗票据内容，覆盖各类医疗票据，满足不同地区和医疗机构的需求。同时，该平台还能根据产品条款、医疗票据内容和客户信息，自动识别客户风险及理赔责任，并智能理算案件明细数据和生成赔付结论。运用该平台显著提高了保险理赔的效率和准确性，为客户提供了更优质的服务体验。

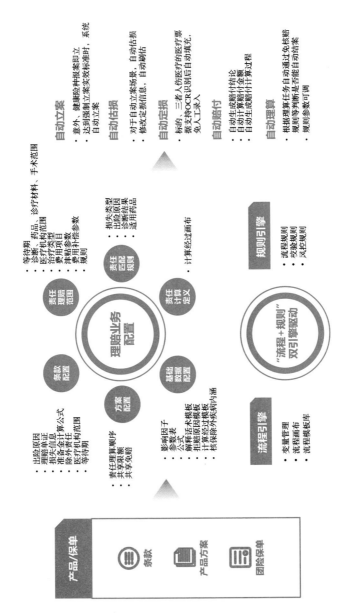

图 5-15 众安科技智能保险系统

场景四：智能营销

目前，广泛使用的 CRM 或智能营销管理系统，主要是基于现有产品的营销数据进行分析，并提供各类分析结果。这些系统一般不会对分析结果进行判断，也不会提供改进建议。而大模型的生成和创新能力可以帮助金融机构提升精准获客及个性化营销服务能力。

- 精准客群细分与获客：与传统用户分类及标签标注相比，大模型可以帮助金融机构在更短的时间内分析更广泛的客户数据样本，从而以更高的精度识别目标客群，发现并吸引那些可能对新产品感兴趣的潜在消费者。
- 自动生成营销文案：相较于传统拟写营销文案，引入大模型后，拟写文案工作变得轻而易举，因为通过提示词可引导大模型根据金融产品特性和目标客群标签创作文案，或为营销策划提供灵感启发。
- 个性化营销内容创造：在传统依靠人工写文案、制图的时期，试图实现用户"千人千面"的精准营销是一项不可能完成的任务。而在引入大模型后，通过大量营销物料进行预训练，大模型能为每位用户设计专属内容，使得个性化营销成为可能。

【案例】京东科技：利用 AI 增长营销平台大幅提升活动运营效率

京东科技依托言犀大模型，开发的 AI 增长营销平台能极大地优化营销运营流程，显著降低运营人员的学习和操作成本，实现方案生产效率的百倍提升。在此平台的帮助下，原本需要产品、研发、算法、设计等多职能协作的复杂流程，现在只需一人便能完成。全新的人机交互模式使得交互次数从 2000 次大幅减少至 50 次以下，操作效率提升超过 40 倍。

以营销方案生成为例，运营人员仅需输入活动主题、营销目标、目标用户等关键信息，AI 增长营销平台便可通过对话方式引导用户完成全生命周期的活动运营任务，包括活动费用方案、活动页面及玩法、投放策略及活动数据监测等，具体可参见图 5-16。

图 5-16　京东科技的 AI 增长营销平台操作示例

场景五：客服坐席助手

过去的智能客服主要依托搜索引擎，所以机器人的回答准确性欠佳，同时缺乏个性化和情感色彩。这使客户能明显感受到自己在与机器人对话，且服务的温度远低于人工客服。通过引入大模型，金融机构可以充分利用该模型在语言生成方面的强大能力，并结合客户的历史交互数据及个性化需求，提供高度个性化的建议。这样的处理能为客户提供类似于人类真实对话的交互体验。

【案例】工商银行：利用大模型重构远程客服坐席作业场景

为提升远程银行中心的服务效率和质量，工商银行围绕远程银行中心的数千名客服团队，聚焦于运营团队、人工坐席和质检人员这三个群体，重新定义了远程客服的作业和生产模式。这一全新模式涵盖事前运营、事中辅助和事后质检等关键环节，具体如图 5-17 所示。

在事前运营环节，大模型能够自动完成数据标注和知识维护工作，从而提升了传统智能客服的分流质效。在事中辅助环节，大模型能够实现前情摘要、知识随行、工单智能填写等功能，帮助人工坐席快速准确地解决客户问题。在事后质检环节，大模型能生成传统质检 AI 模型训练数据，以提升传统质检模型的准确率。

5.4.3　大模型重塑后的金融业

目前，银行、保险公司、证券公司以及金融科技服务商等对金融大模型在业务场景中的应用前景持乐观态度。在《北京商报》针对 160 名来自银行、证券资管、保险等金融机构的高管的访谈中，超过 90% 的受访者认为金融机构需要推广大模型的实际应用，如图 5-18 所示。

当前，金融大模型的落地应用仍处于初级阶段。预计在未来1～2 年，首批金融机构的大模型应用将进入成熟期。3 年后，这一趋势将推动大模型在金融行业的广泛应用。大模型与证券、保险等业务的深度融合，不仅将重塑客户服务流程和体验，还会改善风险管理，提升金融服务效率，并创新金融业务形态，为金融市场格局及服务范式带来革命性的改变。

工作流程	事前运营	通话前		事中辅助	通话后	事后质检
	智能客服知识运营		交流咨询目的	通话中	质量检查	
		背景了解		知识搜索系统操作	记录工单	人工复核评价
人工工作阶段	拆解知识		转接电话提醒			
大模型赋能	**知识运营**：在事前智能客服知识运营阶段，利用大模型自动完成数据标注与知识维护工作，替代人工拆解知识	**前情摘要**：在人工坐席与客户通话前，基于客户与智能客服沟通前情况形成前情摘要，帮助提前了解客户诉求	**转接电话提醒**：在人工坐席与客户通话前，基于客户与前一位人工坐席沟通情况总结形成转接电话提醒	**知识随行**：在人工坐席与客户通话过程中，预测客户意图，自动进行资料搜索，并归纳总结成推荐的答复话术	**工单预警**：人工坐席与客户通话结束后，对于人工坐席暂时无法解决的问题，根据客户意图智能预填工单内容	**质量评价**：在事后质检环节，生成质检样本，模拟客户答疑及客户问答对，提升传统质检模型准确率；**人工复核评价**：在事后质检环节，生成质检学习样本，AI模型学习样本，及客户问答对，提升传统质检模型准确率

图 5-17　工商银行远程客服坐席作业场景重构

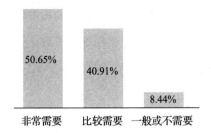

图 5-18　金融机构高管对大模型落地应用前景的态度调查

数据来源：《北京商报》的"2023 金融大模型报告"、天翼智库

无人银行、云柜台等将成为银行服务的主流渠道。大模型、客服机器人以及 VR、AR 等技术的创新应用，将极大地推动无人银行、云柜台等数字渠道的发展。这些新型数智化渠道能提供全天候的自助服务和远程人工服务，使客户能轻松办理开户、大额转账等以往需在网点现场人工办理的业务。例如，建设银行于 2018 年在上海推出了首家无人银行，主要提供打印征信报告、修改绑定手机号、刷脸取款等基础服务。随着大模型技术的加持，在无人银行办理复杂业务将更加值得期待。

数字人将逐渐取代保险代理人，为客户提供更具针对性的产品及服务。目前，保险销售高度依赖线下代理人，金融科技则主要用于辅助线下拓客与提升转化率。大模型技术融入保险全流程后，将帮助保险机构进一步开发和提供线上保险产品和服务，以满足客户的多样化需求。例如，美国保险科技公司 Ethos Life 利用大数据分析技术，将用户的历史医疗数据作为承保依据，极大地提高了用户在线购买保险的便捷性。国内的太保科技也在2023 年底推出了"AI 太主播赋能计划"，通过大模型技术定制代理人的数字人分身，利用应用平台提供的标准模板和话术进行视频合成，并根据指定名单快速精准地完成数字人视频推送，从而赋能保险营销的客户交互场景。

财富管理服务正在全面升级，更优质、更专业的普惠型财富管理服务正逐步成为现实。大模型通过分析大量金融数据，能够识别投资机会、预测市场趋势并优化投资组合管理策略。财富管理机构借助大模型的能力，可以有效降低成本和服务门槛，为客户提供个性化的资产配置方案。例如，京东科技基于"言犀百晓"大模型，已经推出了面向普通投资者的"AI 理财顾问"和助力财富运营的"AI 驾驶舱"等服务。

在客户体验管理技能方面，少数金融机构将脱颖而出。通过不断升级智能科技手段，这些机构强化了个性化营销和服务，优化了客户体验。未来，胜出的机构不一定是拥有高楼大厦的传统大型金融机构，可能是那些将产品和用户体验做到极致的机构。

5.5 政务大模型：紧密相关的新范式

政务大模型是应用于政务与公共服务的综合大模型。它通过学习和分析海量政务数据，在内部上辅助政策制定、预测政策效果、协助政务办公，从而助力政府内部管理智能化升级；在外部上则支持社会与城市的智能治理、智慧公共服务等，提供高效、智能的政务服务保障。

当前，经济社会数字化转型全面加速，新一轮科技革命和产业变革正在加速。加快推进数字政府建设，对于引领数字经济与社会发展、推进国家治理体系和治理能力现代化具有重大意义。数字政府建设是政府部门积极应对数字化浪潮、提升政务服务能力、推动治理现代化的重要措施。从数字政府的发展特点来看，未来将更加注重公共服务的智能化与普及化。数字政府建设的主要目标是实现政务数据的高效互通互联、开放透明，并建立更完善的信息安全保障体系。然而，目前数字政务服务还存在诸多问题，比如办理的便利性还需提升，"就近办事、一次办成"的体验弱、不易使用，线上线下办事融合不够深入、要求不统一，跨部门的"一网通办"规范标准不一致且难以实现，政府决策智能化及社会治理智能化尚待提高。总的来说，与泛在可及、智慧便捷、公平普惠的高效政务服务体系相比，还存在较大的距离。

　　人工智能的出现有助于解决上述场景中提到的问题，推动数字政府发展，从而普及政务内外部的管理与治理智能化。特别是政务大模型，作为 AI 发展的一个重大突破，对数字政府建设具有极大的促进作用，成为广泛关注的焦点。近几年，国内外推出了许多相关政策举措。以国内为例，2023 年 2 月，我国发布了《数字中国建设整体布局规划》，主张"推进数字技术与经济、政治、文化、社会、生态文明建设'五位一体'的深度融合"。"十四五"规划中也清晰地提出要"将数字技术广泛应用于政府管理服务，推动政府治理流程再造和模式优化，不断提高决策的科学性和服务效率。"在国外，如英国、美国与丹麦等国家也在积极探索政府绩效科学化评估与政务流程效率化再造。与此同时，多个国内外大模型提供商也在积极研究大模型在政府与公共服务领域的应用。

总之，政务大模型已经成为数字政府建设与发展的新动力，提供了新的推动引擎。这不仅显著提升了政务办公效率，还简化了政务服务流程，优化了政府服务质量，并提高了公共服务水平，使政府机构实现了"一网统管""一网通办"和"一网协同"。展望未来，一方面，政务大模型的应用前景广阔，将更深地影响到每个人的生活与工作。据 IDC 预测，生成式 AI 将使公民服务的响应能力提高 10%，公务员的生产力提升 15%，显示出巨大的潜力与价值。另一方面，据罗兰贝格咨询公司预计，大模型还将帮助公共服务行业降低约 1.8% 的运营成本。

5.5.1 政务大模型产业图谱

国内外政务大模型自 2023 年初开始发展，到 9 月份已呈现百花齐放的态势。据中国电信研究院统计，截至 2024 年 3 月，国内已发布至少 12 个政务大模型。当前，国内主要的政务大模型提供商包括互联网与信息技术企业、运营商、AI 企业、数字化和智慧服务企业、政企联合体等，如图 5-19 所示。这些大模型提供的功能主要集中在政务智能问答、政策咨询客服、公文写作、政策文件智能检索、数据智能动态分析与解读、政策建议优化与辅助决策、反诈宣传与劝阻、政务文件自动处理等方面。

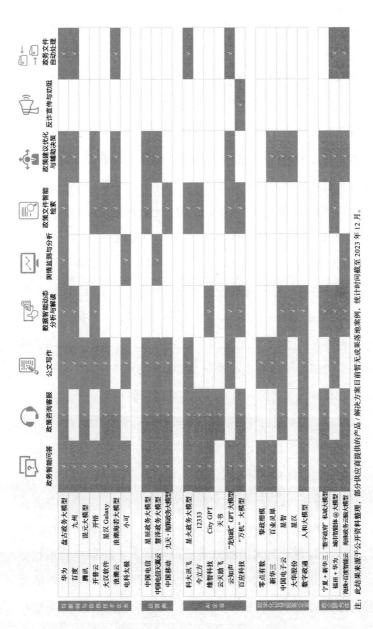

图 5-19　2023 年中国政务大模型产业图谱

注：此结果来源于公开资料整理，部分供应商提供的产品／解决方案目前暂无成果落地案例，统计时间截至 2023 年 12 月。

互联网与信息技术企业如华为、百度、腾讯在政务大模型领域进行了深入研究，凭借算力、算法、数据等天然优势，推出了涵盖多种政务服务的综合性大模型。此外，这些大模型还具有开放与联创的特性，包括整合数据资源资产、吸引合作伙伴参与、进行政务联合创新开发、适配不同场景的模型等。

运营商如中国电信、中国移动也在积极研发政务大模型，依托与政企行业客户的良好合作关系、丰富的行业服务经验、算力与网络资源的优势以及对训练数据的安全性和规范性的保障，正逐步深化使用大模型赋能各省市区县的行政服务中心、大数据局，应用"网络＋云计算＋AI＋应用"等模式于政务咨询、政务办公、辅助办理、辅助决策等多种场景中。

科大讯飞、维智科技等人工智能企业拥有丰富的政务行业AI算法储备，能够精细化地进行场景洞察，并不断构建与优化政务场景大模型。这些企业重点开发智慧城市"超脑"应用，同时，开发具备政务咨询和政务办公等功能的大模型。

新华三、大华股份等数字化方案服务商也紧跟市场，探索并推出了政务大模型产品和技术方案。这些产品和方案的共同特点在于聚焦政策建议优化和辅助决策。其中，新华三在私域大模型应用方面具有领先能力，已与宁夏政府联合发布了"数字政府"私域大模型，并与潍坊市政府共同打造了"数字鸢都"私域政务大模型。

各级政府是政务大模型的主要使用者，正在积极拥抱数字化，并与大模型企业一同探索政务大模型真正落地应用。政府拥有的海量政策文件和政务事项数据是其主要优势。许多政府已经探索开发了基于大模型的政务智能问答、数据智能动态分析与解读、政策建议优化与辅助决策功能。它们期望通过大模型有效地降低政务服务中的人工介入、提升作业效率和深入数据洞察。

目前，政务大模型仍然处于初期发展和群雄争霸的阶段，行业内尚未出现领先的头部模型，落地应用还处于探索时期，尚未成熟。

5.5.2　通过典型场景打造智能政务服务新范式

政务大模型具有广阔的应用前景，能助力政府打造智能政务服务的新范式。目前，政务大模型已经在以下领域得到应用，包括城市管理智能动态分析、舆情监测、政务智能问答、咨询和检索、公文写作、政策建议优化与辅助决策等。这些应用促进了数字政府的建设和公共服务的提升，从而切实惠及了群众和企业。

场景一：城市治理"一网统管"

传统城市治理面临诸多问题，譬如指挥中心的指标模板较为固定，数据主要依靠人工统计，容易造成错漏，并且难以满足动态需求。此外，传统城市治理也难以实现灵活调度资源；对于热点舆情的感知往往反应滞后，研判质量难以保证。而现在，政务大模型能有效实现海量政务数据智能动态分析与解读、舆情监测与分析、政策建议优化与辅助决策，促进城市治理精准化和智能化，实现"一网统管"。

- 数据智能动态分析与解读：当工作人员提出问题时，大模型会进行语义理解，并拆解出具体的查询命令来进行深层次的数据组合分析。它还能自动生成可视化图表，对结果进行专业的解读和总结提炼。这种随机提问与图表生成的时间大大缩短，例如生成图表原本需要几天时间，现在只需几秒钟。

- 舆情监测与分析：大模型根据网络热图定位舆情事件，通过多模态数据分析和对舆情事件的分析，梳理舆情事件的脉络，并给出合理的处理建议，进而生成舆情报告。它可以识别舆情风险并进行预防和化解，从而维护和提升政府形象。同时，大模型还可以对公共安全数据进行分析，及时发现安全风险。通过数据分析，大模型能"读出"民意诉求的共性问题、变化趋势和根本原因，助力问题的标本兼治。

- 政策建议优化与辅助决策：利用政务大模型，政府可以对城市的人口数据、交通数据、环境数据等进行分析，还可模拟和预测城市管理效果，从而帮助政府提高城市规划的科学性。

【案例】维智赋能智慧城市应用场景

维智科技公司致力于智能城市服务，创建了城市大模型 CityGPT（见图 5-20）。该模型基于"时空 AI"技术体系与 Phygital 飞吉特时空智能平台，逐步完成了城市多空间尺度、动静态数据及政务数据的融合与连接。该模型能够对城市、园区、商圈、社区及网点级别进行智能计算与研判，通过建模分析和预

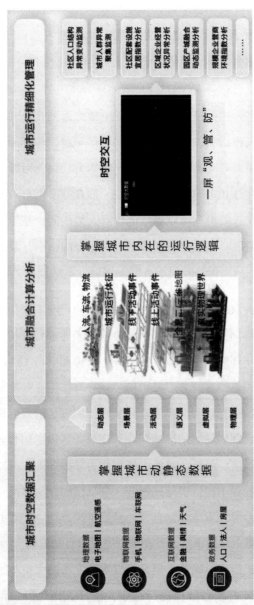

图 5-20　维智科技智能城市数字孪生底座

资料来源：维智官网

测，掌握城市内在的运行逻辑。因此，它能够为线上线下数据融合驱动的智能决策与场景交互提供"空间 AI 专家顾问"服务，从而赋能城市运行精细化管理。

场景二：政府服务"一网通办"

之前，很多人在办理政务事项过程中常常遇到找不到服务入口、无法理解流程指引、听不懂专业词汇等问题。传统的咨询问答机器人由于缺乏对人类语言的精确理解能力，只能回答预置问题，无法灵活处理和提问深入，这导致了群众办事困难，政务服务效率低下。政务大模型可以更好地理解人类提问，基于海量政务知识提供更精准、个性化的回答，边问边办的指引，政策检索与解读等服务，从而提高政府服务"一网通办"的能力。

- 政务咨询服务：通过整合海量的政务知识与术语，对群众的各种咨询提问方式，特别是口语化表述进行分析，从而提供易于理解的回答。目前，一些大模型已与 12345 政务服务便民热线、政务服务微信公众号合作，业务覆盖率达到 95%，多轮理解准确率达到 90%，实现了群众咨询意图的精准识别和问题的准确回答，让政务咨询更加智能、专业和有温度。另外，政务大模型作为导办助理，可以在事项办理过程中提供引导式服务。群众仅需要通过简单的交互问答即可获取申办信息，并自动申报办理，实现办件材料的预审或自动审批，并在审批完成后自动归档。

- 政策智能检索：政务大模型可以对已发布的大量政策文件和历史公共服务数据进行检索，进行人性化的解读，优

化与群众、企业的信息交互，精准匹配服务政策，同时
帮助政府高效地分类管理政策和政务知识。

【案例】百度智能云九州·智答提供人性化政务服务

百度智能云的九州政务大模型是一个典型的提供人性化政务
服务的代表。该产品体系包括九州智舱、智眼、智声、智答、智
察 5 款产品。其中，九州·智答是一个政务服务助手，架构如
图 5-21 所示。它能提供面向民众的政策咨询场景，提供人性化
的互动问答、智能化的政策咨询、办理流程的详细引导以及政策
知识的管理服务。

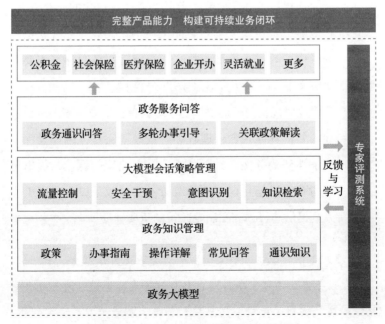

图 5-21　九州·智答政务服务助手架构

资料来源：百度智能云官网

场景三：政府办公"一网协同"

政府工作人员经常需要撰写大量文书，并处理大量政务事务。目前，公文的写作、审核、处置主要依赖人工，效率低且容易出错。政务大模型借助语义理解、文本生成等技术，不仅能辅助撰写文书、会议纪要，还能实现智能填表与审批、跨部门数据资源共享、实时监测和智能协同调配各种资源，从而显著提升政府办公效率，有效促进多部门协同。

- 智能公文写作：政务大模型作为智能助手，提供公文智能检索、自动生成推荐素材、撰写及审核校验等服务，极大地提高了办文效率。此外，通过口语化的交互方式，它能够拟定会议方案并智能记录会议内容。在智慧法院场景中，政务大模型能执行智慧评审、撰写评审纪要和执法文书、辅助法庭笔录。

- 政策建议优化与辅助决策：政务大模型对政策来源进行追溯，分析具体条款，理解和解读政策文件，翻译及深入理解涉外政务文件，并分析公众对政策的意见，提出可行的政策措施建议，预测政策的实施效果，为政府工作人员提供趋势预测和制定政策的重要辅助。

【案例】华为盘古政务大模型赋能智慧政务办公

在政务办公领域，华为通过盘古政务大模型进行政务办公全流程赋能，实现了生成公文草稿和标签、智能校对和语义纠错、生成摘要以及草拟批示意见等功能。在深圳，华为盘古政务大模

型赋能公文辅助生成方面，实现在 1min 内生成 6000 字，这既规范
又高效。此外，在辅助生成城市活动保障预案方面，它仅需 3min
即可生成预案初稿，同样需要 3min 形成报告初稿，并可以进行最
新数据的实时统计及运用数字人，实现活动整体的降本增效。

5.5.3　政务大模型发展趋势

2023 年，政务大模型的实际应用开始起步，政府单位、企
事业单位、科研院所等都在加快进行研究。2024 年，政务大
模型初具规模部署和应用。未来，政企联合打造并共同推动政
务大模型实际运用于政务办公、管理、服务、治理，这是大势
所趋。

政务大模型的市场空间如何？受"十四五"规划和数字政府
政策的影响，我国数字政府市场正处于发展的重要窗口期，政府
数字化转型的步伐将加快。据 IDC 预测，我国数字政府的发展
在 2028 年前将达到 2000 亿元的市场规模（见图 5-22）。在此背
景下，政务大模型的市场空间同样非常广阔。

从需求角度来看，根据百炼智能 2023 年的大模型招标需求
分析（见图 5-23），政府及事业单位对大模型的采购次数和金额
比例分别超过 10% 和 8%，排名前四。此外，国有企业和通信运
营商也显示出较大的采购需求，并积极参与建设。它们都是拥有
较强数据处理能力、算力以及 AI 技术基础的单位，主要的需求
集中在政务建设和公共服务等应用场景。从供给角度来分析，根
据智研瞻产业研究院预测，2024—2030 年中国政务大模型行业

市场规模增长率在 5.7%～6.5%，预计到 2030 年，中国政务大模型行业市场规模将达到 6612.78 亿元。因此，政务大模型具有广阔的探索空间。

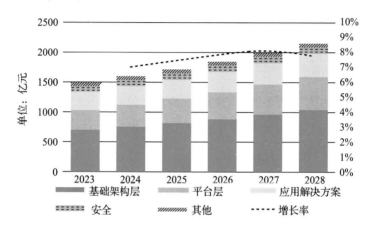

图 5-22　中国数字政府市场预测

资料来源：IDC

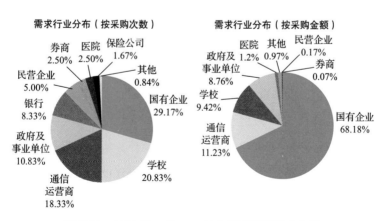

图 5-23　2023 年 1 月～11 月大模型招标需求分析

资料来源：百炼智能

政务大模型在落地应用的过程中仍面临一系列问题与挑战。首先，政务服务场景复杂多样，涉及的数据量庞大且对保密性有高要求，这使得模型训练任务繁重，且训练成本较高。其次，由于政策具有高严肃性，并要求容错率低，大量相似的政策和频繁修订的新政策带来了检索分析上的挑战，因此必须确保政务大模型输出的政策类回答合规、合理并符合伦理道德标准。最后，模型训练过程中隐私和敏感信息保护不足，机密信息防护也显得不够，且在为不同群体提供服务时，所提供的数据结果安全性要求也不尽相同。

面对上述挑战，我们若能注重提升政务大模型实际解决政务行业场景问题的能力，将有利于加快发展与落地应用政务大模型。如此，未来，政务大模型将呈现多种趋势特征。

1. 政务大模型加快落地应用

随着数字化政务办公和服务的需求增加，政务大模型的开发数量将持续增长、应用规模将持续扩大。AI 芯片在性能和功能上将取得新的突破，其影响力将加速向数字政府和智慧政务领域渗透。这将促进政务大模型在商业上的成熟和广泛应用，从而提高政府治理水平，加快智慧城市的建设，并增强公共服务的能力。

2. 迭代升级更快，功能更强大，更安全

未来的政务大模型将拥有更加稳定的结构，功能更全面，升级周期更短，处理多模态数据的能力和效率将显著提升。除了能快速处理政务文本分类、政务命名实体识别、舆情风险识别等文本数据外，还将深度支持视频、图片和语音等多种信息类型。误差将进一步减少，面对海量数据时，检索、分析和回答的准确性将提高。同时，模型将更多采用私有部署，以提高政务数据收集和分析处理的安全性，进一步赋能行政管理、公共服务和公共安全领域。

3. 定制化成为重要趋势

针对政务的大模型厂商需对政府的需求进行更细致的评估与深入理解，开发针对不同地区政府和不同场景的核心功能。360集团创始人周鸿祎曾预测，未来中国的每个城市、每个政府部门都将拥有自己的专有垂直大模型。

4. 以政务大模型为基础，提供一整套综合的数字政府解决方案

这将成为大模型企业在政务行业中取得领先地位的关键。企业将加强政务大模型与数字化服务、自动化流程、数字化转型解决方案等的整合，形成一体化的综合解决方案，以服务政府与公共服务领域。政务应用将基于大模型，重构其原有的能力和业务流程。

5.6　工业大模型：长期主义者的胜利

伴随着 AI 技术的进步，工业智能经历了萌芽期、感知期、感知增强期，工业大模型将推动它进入一个以"大知识"为核心的认知提升期。工业领域是 AI 技术应用最为困难的领域之一，

这主要是由于强烈的多模态需求、零碎复杂的应用场景，以及小规模的烟囱式数据，这些因素限制了工业大模型的大规模应用。因此，工业大模型的实际应用将分阶段进行：在客服等容错率较高的场景，大模型将首先实现落地。而在设计、生产等对精确度要求较高的工业核心环节，大模型和小模型将长期共存，共同满足工业对智能技术的全面需求。

5.6.1　从工业小知识到工业大知识

回顾工业智能的发展历程，我们可以看出，工业一直是 AI 技术的重要应用领域。随着 AI 技术的进步，工业智能的应用也处于不断变化和发展中。

第一阶段（1960 年—2015 年）被称为工业智能的"萌芽期"。在这一阶段，由于企业的信息化能力较弱，生产环节的数据难以被有效采集。因此，只能依赖少量数据进行建模分析，发展出能部分替代工人操作的自动化专家控制系统。

第二阶段（2015 年—2019 年）被称为以工业"大数据""小知识"为核心的感知期。在这一阶段，工业企业数字化基础设施和能力建设实现了显著提升，大量来自不同业务系统的工业数据得以汇聚。同时，深度学习算法的出现极大地提高了工业图像识别和语音识别的能力。通过融合工业大数据和知识图谱等浅层应用，部分工业场景下的数据隐含关系得以挖掘，从而为人类工业生产提供了"小知识"。

第三阶段（2019 年—2022 年）被称为以工业"小数据""小知识"为核心的感知增强期。在这一阶段，工业细分行业和应用场景众多，业务系统的数字化水平参差不齐且逻辑差异巨大，数据隔离现象严重。许多细分场景的数据量不足以支持智能应用的开发，造成工业智能发展受限。为解决这些问题，人们探索并开发了强化学习、GAN、无监督学习等新技术，并将其应用于工业，实现基于"小数据"获取"小知识"的目标。

第四阶段（2023 年至今）被称为以工业"大知识"为核心的认知提升期。在此之前，工业智能的前三个阶段主要局限于提升人类在工业生产中的感知能力。大模型技术的出现使工业智能开始具备认知能力，预示着人类有望在各个工业细分场景中进一步从体力劳动中解放出来。

因此，工业大模型拥有广阔的市场前景和应用空间。目前，工业智能的普及率普遍较低。根据凯捷统计，欧洲顶级制造企业的 AI 应用普及率仅超过 30%，日本制造企业的 AI 应用普及率达到了 30%，美国制造企业的 AI 应用普及率为 28%，而中国制造企业的 AI 应用普及率则为 11%。这一调查表明人工智能在工业领域的普及空间仍然巨大。与此同时，中国工业 IT 支出规模相对较低，全球占比为 14.64%，与国内市场体量严重不匹配。随着新型工业化的推进，预计未来 5 年中国工业大模型市场将实现翻番式增长，到 2026 年市场规模预计超过 5 亿美元，如图 5-24 所示。

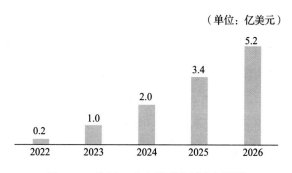

（单位：亿美元）

图 5-24　我国工业大模型市场空间预估

5.6.2　工业大模型产业图谱

据不完全统计，截至 2024 年 3 月，国内正式发布的工业大模型超过 21 个。互联网和 AI 企业、科研院所、行业科技企业、工业企业等是主要的工业大模型提供商，具体情况如图 5-25 所示。它们拥有不同的资源禀赋，深度影响着工业大模型产业未来的竞争格局。

互联网和 AI 企业将工业场景作为基础通用大模型的重点落地方向，目前多为基础大模型自然语言理解和生成能力的应用，例如智能客服、智能供应链、专业知识库等。由于缺乏行业专有数据和机理知识，互联网和 AI 企业多采用与工业企业合作的模式。例如，百度与吉利集团合作，以文心一言大模型为基础，依据 2300 万条吉利汽车领域无标注数据开发了吉利—百度·文心汽车行业大模型。该模型应用于汽车行业智能客服、车载交互、汽车领域知识库等场景，使得智能客服知识库的利用率提升24.37%，车载语音交互提升 28%。

科研院所致力于将化学、物理、材料等前沿工业科技与人工智能技术（如大模型）深度融合，在工业大模型领域展开探索。这样的融合为前沿科学技术开发提供了数据驱动的新范式。它实现了科学知识的快速检索及实验流程工艺的自主设计和优化，有望缩短科学实验工艺流程的研发周期，为实验室成果快速走向工业化提供可能。科研院所的大模型产品主要应用场景集中在专业知识库、数据分析、辅助优化设计等垂直领域。

行业科技企业已经利用传统 AI 算法实现部分生成式设计功能，现阶段的重点是利用多模态大模型进行优化。例如，AutoDesk 和 PTC Cero 等企业均在其最新 3D CAD 产品中集成了生成式设计功能，基于工程师给出的设计约束条件，自动生成设计方案。AutoDesk 计划进一步开发 3D 大模型，利用自有的 Forma、Fusion、Flow 三大云平台数据进行训练，从而提升生成式设计功能的易用性和准确性。

工业企业保持对核心工业机理数据和实时生产数据的垄断，成为大模型研发的主力军。例如，海尔公司的 BaaS 数字工业操作系统连接了 100 余家客户、500 余家供应商和 6 家自有工厂。该系统能自动挖掘工业机理数据，构建工业知识图谱，目前已建设公开数据集 510 个，专用数据集 52 个。海尔利用这些专有数据，基于智谱 AI 开源的 ChatGLM 模型自主训练轻量级工业大模型，并在工业设计、工人作业指导、安全巡检、故障诊断等场景中实现了应用落地。

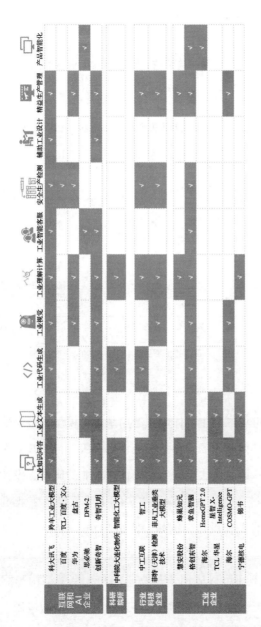

图 5-25　2023 年中国工业大模型产业图谱

5.6.3　市场红利的三波次释放

结合大模型技术优势和场景特点，预期工业大模型的市场红利将分阶段释放，如图 5-26 所示。

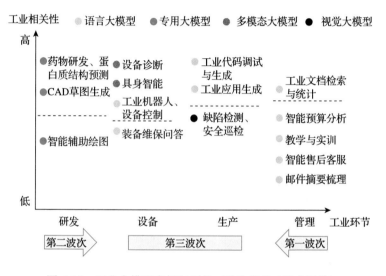

图 5-26　工业大模型市场红利的三波次释放（需求图谱）

第一波次市场红利主要体现在运用基础大模型进行经营管理的各个环节，具体应用场景包括智能售后客服、行业知识库、智能预算分析等；第二波次市场红利则针对工业的研发、设计等非实时环节，通过整合工业大模型与传统工业软件及工业机理知识，可以辅助研发和设计。例如，使用 EDA、CAD 等工业设计软件时，通过工业大模型的重构，可以实现自动生成式设计。此外，工业大模型还可以应用于药物研发和大模型结构预测等方面。第三波次市场红利聚焦于实时环节的工业大模型应用，以具备实体形态的智能机器人为主。在实时生产环节，这些机器人可以实现人机交互、智能调度生产和质量实时监测等。

从当前各场景所采用的大模型种类来看，语言大模型居多。根据信通院统计的全球 79 个大模型工业应用案例的数据，75% 的应用为语言大模型，15% 的应用是专用 / 结构化数据大模型。就部署方式而言，基于通用大模型适配和优化以适应工业场景是主流方法，其中问答交互是最主要的应用场景。

场景一：大模型赋能工业研发设计

工业研发设计一般分为外观设计和结构设计两大方面。在结构设计方面，现阶段，人们主要依赖 CAD、CAE、EDA 等各种专业设计软件进行工作。这些软件已经基本实现了图形化和自动化，替代了传统的人工操作，极大地提高了工业设计的效率和质量。然而，对于一般用户而言，这些工业设计软件存在较高的专业壁垒和学习门槛，导致工业设计的成本仍然较高。大模型通过与各类工业设计软件结合，利用其处理超大数据量的能力进行推理和训练，可以实现自动化和生成式设计，快速提供多种工业产品结构设计方案。这不仅进一步优化了工业设计软件的工作效率，还降低了研发设计的难度，为设计师提供了全新的设计视角和思路启发。在外观设计方面，大模型凭借其强大的文本生成和图像生成能力，使设计师仅需提供简短的描述，就能迅速生成多样风格和形式的设计图样。通过与大模型进行多轮次的交互，设计效果得以显著提升。

1）大模型 +CAD：这一技术指的是利用大模型，在设计师给定的约束条件和目标基础上，根据一系列系统设计理念自主创建优化设计的 3D CAD 功能。通过借助 AI 的能力，快速生成符合要求的目标模型，设计师可以从中选择合适的模型进行进一步的设计优化。这不仅提升了设计效率，还降低了设计成本。CAD 软件包含海量的标准化和个性化设计素材库；大模型能充分利用并学习这些数据，基于设计师的新颖设计理念自动生成多样化的设计方案。

2）大模型 +CAE：CAE 是指使用计算机辅助工具，分析复杂工程和产品的结构力学性能以及优化结构性能等。它能将工业生产的各环节有机地串联起来。CAE 已广泛应用于工业领域多年，积累了大量的数据。这些数据可以作为工业大模型的训练数据。大模型可以基于这些历史数据探索不同影响因素之间的关联，从而无须依赖人类从物理理论出发生成模型，极大地提升了建模效率，甚至可能推动技术和基础科学理论的进步。

3）大模型 +EDA：EDA 是芯片设计软件，被誉为"芯片之母"。随着对数字化、智能化生活需求的不断增长，芯片的需求种类和复杂度持续增加，给设计人员带来了巨大挑战。例如，现代汽车内部可能包含数千个零部件或芯片，以及上百个电子控制系统。它们大约占整车成本的 35%。因此，在智能系统设计上对 EDA 提出了巨大挑战。EDA 软件的核心技术被美国的龙头企业如 Cadence、Synopsys 等掌握，这些企业积累了大量的芯片设计机理知识和设计图纸。通过融合大模型技术，可以助力芯片设计、验证、测试的各个流程智能化。

【案例】Cadence："大模型 +EDA"赋能芯片设计应用案例

美国 Cadence 公司推出 Allegro X AI 新一代系统设计技术，依托 Allegro X Design 平台积累的丰富电气元件设计素材，利用大模型提供 PCB 板生成式设计，确保设计在电气方面准确无误。该并可用于制造、自动执行器件摆放、金属镀覆和关键网络布线，集成了快速信号完整性和电源完整性分析功能。它可以完成板上元件的自动布局、自动生成，以及自动布线。手工布局 PCB 板可能需要几天时间，现在利用 Allegro X AI 这样一个新的解决方案，可将时间缩短至几个小时，极大地简化了系统设计流程。

场景二：大模型赋能工业管理服务

1）大模型 + 工业客服：工业大模型能帮助企业客服编写符合语境的回答，快速响应客户需求。同时，它还能帮助客服通过与客户数据平台的交互，获取高度定制化的客户分类。在日常工作中，售后服务人员在处理故障时，常需在大量的产品信息、用户使用手册和历史故障案例中查找解决方法。若产品线繁多，相关文档的数量庞大且复杂，对新入职的员工颇具挑战。"大模型 + 工业客服助手"为员工提供了智能、专业和及时的解决方案。

2）大模型 + 企业知识库：各类工业企业积累了大量行业专属乃至企业专属知识和数据。大模型能对这些知识和数据进行有效整理和学习，进而实现对工业知识的挖掘和企业员工的智能培训。企业知识库和问答助手相关应用已成为大模型在企业端落地的先行场景，应用范围广泛。通过分析产品、服务、流程、规范、文档等多个领域的图像、数据、视频、语音等各类信息，大模型可以帮助企业构建并持续更新知识库，为企业提供全面、准确、及时的知识管理。同时，大模型也能为员工提供智能问答服务，解决员工工作中遇到的问题，并针对专业领域，开展针对性培训，提升员工的工作效率和实际操作能力。

【案例】吉利—百度·文心汽车行业大模型：大模型赋能企业知识库建设案例

吉利和百度开展优势互补合作，基于文心一言基础模型，以及 2300 万条吉利汽车领域无标注数据，训练出吉利—百度·文心大模型。该模型应用于智能客服、车载语音交互、汽车领域知识库等领域，在提升语言交互、知识库能力等方面取得了不错的成效：智能客服知识库可利用率提升 24.37%，提高客服智能化程度；车载语音交互提升 28%，提升驾舱人机交互体验；汽车领域知识库效果提升 34%，赋能员工培训，如图 5-27 所示。

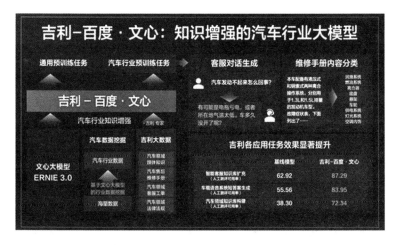

图 5-27　吉利—百度·文心汽车行业大模型

场景三：大模型赋能工业生产制造

大模型与工业机器人的结合提升了机器人的交互、信息处理、感知和执行能力。它能准确接收并分析人类的操作指令，帮助实现可视化工业生产数据，并替代人类执行多种生产任务，极大地释放了生产力并提高了生产效率。工业机器人在大模型和智能制造之间起到了桥梁的作用。根据微软发布的"ChatGPT for Robotics: Design Principles and Model Abilities"，大模型可以从两方面对工业机器人进行升级支持。首先，作为预训练语言模型，它可以用于支持人机自然语言交互。机器人能通过类似ChatGPT 的应用，获取并理解人类的自然语言指令，并根据指令执行相应动作。其次，大模型具备强大的分析能力，能帮助机器人编排任务、规划工作路径、自动识别物体，并在面对环境变化时做出决策。通过与机器人的深度结合，大模型有助于辅助人类实际处理并完成各项工作任务。这将是大模型在各种应用场景中的重要目标。

【案例】创新奇智工业大模型 AInno-75B 赋能工业机器人

创新奇智工业大模型 AInno-75B 包含三款全新 ChatX 系列生成式 AI 应用，包括生成式企业私域视觉洞察应用 ChatVision、生成式辅助工业设计应用 ChatCAD、基于非侵入式脑机接口的工业机器人任务编排应用 ChatRobot Pro。ChatRobot Pro 采用非侵入式脑电采集，对人脑电波进行解码，实现了通过意念控制机器人完成多样化任务。这当中主要难点在于非侵入式脑机接口反应的是整体脑电波，无法直接反应局部意念，大模型需要从中解码用户的具体意图。ChatRobot Pro 通过大脑意念控制光标移动，选择了一种物品并将命令下发给机器人，机器人得到命令后，自动完成任务解析和步骤编排，并自主取物。

5.6.4 大模型将和小模型长期共存

目前，大模型的能力已经覆盖了结构化数据、文本、图像及音/视频等的生成。尽管如此，对其在工业领域的探索主要还是集中在结构化数据、自然语言和图像数据的处理与生成。形成这种状况的主要原因在于，目前尚未有出现功能强大的音/视频基础大模型，而传统的人工智能技术驱动的小模型在特定应用场景中还有优势，例如基于声纹分析的设备诊断、基于视频分析的质量检测以及安全生产等。因此，工业大模型和小模型预计将长期共存，共同完成工业领域的各种差异化智能任务。

工业端侧和边缘侧推理的大模型专用计算可能会成为未来的发展趋势。随着大模型的技术升级和应用落地的加快，所需的算力也在逐渐变得可控。拥有 int4 精度的大模型，每 10 亿参数的最低训练显存需求为 1.8GB。当前已有企业开发出集成大模型解决方案和端侧优化芯片，实现了推理加速，比如科大讯飞和华为发布的星火一体机，其提供了 2.5P 的算力。同时，智算资源在云、边、端的智能调配与平衡，也有望帮助各工业企业解决算力资源短缺和成本高昂的问题。

海量高质量工业数据是工业大模型落地部署的关键要素。工业大模型的效果与数据量密切相关，通常需要上亿级别的数据集支持，例如 Meta 的 ESMFold 大模型是基于 1.25 亿蛋白质分子结构数据训练得到的，而工业视觉大模型则需要至少 10 万级别的图片数据。此外，对工业数据的合理配比也至关重要，一般需要达到 10%～15%。因此，各工业场景的数据化进程将直接影响工业大模型的落地速度，而拥有差异化核心工业数据的企业往往成为其他企业的优先合作选择。

低门槛的开发和轻量化部署成为探索工业大模型的重点。各企业围绕工业大模型开发了一整套全流程工具链。一方面，工业大模型对多推理后端的兼容性有利于工业企业低成本地向大模型迁移，例如百度飞桨通过标准化部署接口，实现了对不同推理后端的无成本切换。另一方面，模型的微调升级从手动调参向半自动化调参转变，谷歌、英伟达、AI21Labs 等企业开发的半自动化调参工具有效减少了开发训练的难度。同时，利用知识蒸馏技术可以有效降低在工业领域部署大模型的成本。

|第6章|CHAPTER

大模型产业:
全新的产业体系和商业化之旅

前沿技术的产业化意味着将具有前瞻性、先导性和探索性的重大技术转化为实际生产力,从而推动产业升级和经济发展。大模型商业化的实践意味着该企业找到了正向且健康的发展路径。这使得具备相应技术、资金和用户资源的更多企业加入该产业。随着产业图谱的不断扩大以及参与企业数量的增加,经济效应和应用范围也将持续扩大。

本章将重点阐述快速形成中的大模型产业图谱、主要参与企业的类型与特征、大模型的商业模式及计费方式,以及大模型产业的未来趋势。这将帮助读者全面了解大模型产业的体系结构和商业逻辑，共同探索产业未来发展的可能性。

6.1　快速形成中的大模型产业图谱

大模型产业链的形成是以 ChatGPT 的发布为关键节点，迅速丰富软硬件及内容供应商。在 ChatGPT 问世之前，人工智能产业链一直处于温吞状态。一方面，AI 领域不断涌现突破性论文，机器学习、深度学习、Transformer 框架、高算力显卡等基础设施都有显著进展，但产业界的需求并未形成规模性爆发。另一方面，虽然人脸识别等应用已被广泛采用，但是企业还期待出现一款集成更多先进技术、彻底改变现有认知的人工智能产品，从而增强了企业对产业链的范围和整合预期。

随着 AI 行业环境的成熟，2022 年底，ChatGPT 横空出世，并展现了划时代的强大功能。发布仅 5 天，ChatGPT 便拥有了 100 万用户，远超此前保持记录的 Instagram 所需的 2.5 个月。ChatGPT 的出现也引发了全球资本市场对 AIGC 的热情投资。根据欧洲市场分析平台 Dealroom 的数据，到 2023 年 1 月，全球生成式 AI 的总估值达到了 480 亿美元，相比 2020 年底翻了 6 倍。其中，OpenAI 的估值达到 290 亿美元，比 2021 年增长了 1 倍以上。

国内外互联网头部企业持续关注 AIGC 产业。自 ChatGPT 发布以后，这些企业纷纷加码进行布局。例如，Meta 宣布计划在 2023 年底推出 AIGC 商业化产品。为了应对来自 ChatGPT 的威胁，谷歌投资了 Anthropic，布局智能聊天机器人。国内的百度则推出了与 ChatGPT 对标的产品"文心一言"。在资本、科技巨头、媒体等多方资源的推动下，一批涉及大模型基础设施、开发、应用等企业涌现出来，使得大模型产业链不断丰富，队伍不断壮大。大模型产业链上游主要包括提供芯片、数据、算法等基础支撑能力的相关企业；中游涉及大模型产品开发，主要包括通用大模型及相关环节的中间件；下游则涉及具体的应用和产品，例如面向 C 端的内容创作和面向 B 端的企业服务等。

图 6-1 总结了产业链各级典型企业。从图 6-1 中可以看出，产业链中的参与者众多，不同环节的发展阶段和成熟度存在差异。总体来看，上游的硬件设施发展较为成熟，在其他行业（如游戏行业的显卡用于实时计算和渲染）已有应用和落地，但需要结合大模型的需求进行调整和优化。中游的大模型和平台是产业链的核心，是当前产品集中爆发的环节，并且竞争极为激烈。下游的产品应用主要面向特定行业和用户，最有可能出现爆款产品，例如 ChatGPT 直接面向 C 端用户，因而被广泛认识。

随着产业链的聚集，大模型产业规模迎来了快速增长。麦肯锡预测，生成式 AI 预计为全球经济贡献约 7 万亿美元的价值，能将 AI 的总体经济效益提升约 50%。其中，中国有望贡献约 2 万亿美元。

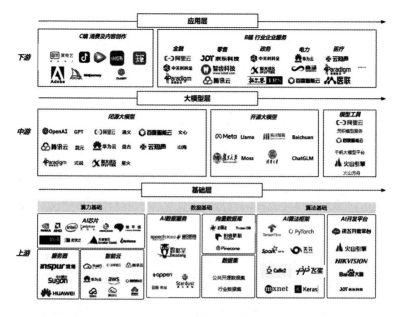

图 6-1 大模型产业图谱

6.1.1 基础层：算力设施引领新一轮硬件建设

传统的、以 CPU 为中心的计算基础设施已经无法应对大模型训练和生成式 AI 应用爆发所带来的挑战。主要问题表现在算力、算法平台、数据集及相关环节上。

大模型训练需求使得对 GPU 或异构计算的依赖大幅增加。以 OpenAI 为例，训练一个拥有 1750 亿参数的 GPT-3 模型，大约需要 3640 PFLOPS-day 的算力，并使用成千上万块 GPU 连续训练数十天。在这种背景下，集群式的算力设施不仅需要高性能，还要具备高效率。大规模训练依赖于多机多卡组成的大集群分布式算力支持。然而，在分布式训练中，网络通信或数据缓存等问题可导致训练效率显著下降。例如，在千亿或万亿参数规模的大模型训练过程中，通信时间的占比可高达50%，若通信互联出现问题，将严重影响训练效率。

数据质量直接决定了大模型的性能和价值导向，因此，对数据的获取、清洗、标注等环节提出了更高的要求，需要更高效的AI数据管理流程来应对。此外，数据采集和训练过程可能牵涉到用户隐私和敏感数据的处理，因此必须采取相应的数据治理手段进行保护。

大模型应用可以帮助企业更高效地完成商业任务，但大多数企业自行研发大模型面临成本高、难度大的挑战，同时对技术人员的专业要求也相对较高。因此，MaaS（Model as a Service，大模型即服务）成为一种新的云服务模式，通过云服务的方式让企业能够快速在具体业务中应用大模型。

这些需求催生了一批以AI应用为主要支持对象的基础设施企业。它们提供包括算力、MaaS等一系列服务。AI基础设施市场尽管处于竞争激烈的初级阶段，但已经形成了云计算、AI能力、底层硬件三大类厂商的格局。

云计算厂商如阿里云、百度智能云等，在大模型需求爆发性增长之际，敏感地察觉到了全面升级云计算基础设施的需求。其升级措施主要包括建设GPU集群、实施相应的工程化系统建设、强化针对大模型的分布式训练能力和提高网络带宽连接等。截至2023年12月，百度宣布正在根据"云智一体"战略重构其云计算服务，以满足大模型的落地需求。

AI 能力厂商基于领先的 AI 产品体系，加大算力资源建设。以科大讯飞、商汤科技为代表的企业，凭借长期开发 AI 产品及应用的经验及行业洞察能力，重视在算力资源层面的投入和布局并逐步发展，开拓以云服务为核心的交付能力。2021 年初，商汤科技发布了 AI 基础设施战略布局，实现算力、算法和平台的整合，构建面向 AI 时代的基础设施。

在底层硬件方面，厂商正在布局符合 AI 时代技术需求的产品。传统硬件厂商从其原有的芯片或服务器出发，加强 AI 基础设施的布局，满足用户的训练与推理需求。在芯片领域，英伟达在全球算力资源领域拥有绝对优势。TIRIAS Research 的首席分析师 Kevin Krewell 指出，英伟达以 80%～95% 的市场份额主导全球 AI 计算市场。然而，由于 AI 芯片相关的禁令以及国产化进程的推进，中国的芯片市场孕育了众多本土 AI 芯片厂商，例如华为、海光、寒武纪、壁韧、燧原、昆仑芯等。在服务器方面，浪潮、新华三等厂商为典型代表。IDC 数据显示，AI 服务器市场作为服务器市场的重要组成部分，增速极高。据预测，到 2027 年，中国市场规模有望达到 134 亿美元，五年复合增长率为 21.8%。浪潮作为 AI 服务器的领先厂商之一，不断增强 AI 平台能力，推出了"源 2.0"基础大模型并进行了全面开源，进一步完善自身的 AI 基础设施体系。

6.1.2　大模型层：产业链核心位置

大模型层主要由庞大的模型及支持这些模型快速部署与应用的工具组成。从行业的重要参与者来看，2019 年，美国在这一领域先后推出了具有标志性的预训练模型 BERT 和 GPT，标志着其领跑地位。而在 2020 年，中国以 ERNIE 系列和轻量化的 TinyBERT 等模型的推出，拉开了快速发展的序幕。自 2021 年起，中美在大模型领域的竞争日趋激烈，双方共同推动了全球大模型产业的发展。

大模型的发展也经历了从开源到闭源的转变。以 OpenAI 为例，该公司在 GPT-3.5 版本之前均公开其模型的技术细节。但随后，考虑到大模型商业化的广阔前景，OpenAI 选择转向闭源。开始阶段，开源模式帮助其迅速获得市场认同和社群反馈；而后，转向闭源则有助于保护其技术优势以实现商业化。自此之后，各企业推出的商业大模型多选择闭源，例如 GPT-4 等。此外，开源的大模型主要用于科学研究和项目试点等学术目的。少数企业如Meta 选择开源其大模型。

在 2023 年，大模型数量显著增加。我国拥有超过 10 亿参数规模的大模型已达 100 个。这些模型主要由 AI 技术研究公司、AI 技术与服务提供公司、云服务公司及高等院校推出。

AI 技术研究公司依靠深厚的技术储备和持续的产品迭代，保持在大模型领域的领先地位。它们是这一轮大模型革命的发起者和引领者。代表性公司包括 OpenAI 和谷歌等。这类公司致力于人工智能的前沿技术研究，通常持有技术改变世界的价值观。例如，OpenAI 自 2018 年发布 GPT-1 以来，持续迭代至 ChatGPT，最终以其卓越的技术和应用效果引起全球关注。至 2024 年，视频大模型 Sora 的发布再次证明了其强大的技术能力。

AI 技术与服务公司通过深刻理解技术与业务，推动大模型提升产品性能，并拓展更多应用场景。代表性公司包括科大讯飞和第四范式等。这类公司拥有成熟的 AI 业务、强大的技术研究及创新能力。经过四次重大迭代升级后，科大讯飞在 2024 年 1 月发布了"讯飞星火 V3.5"。该版本模型在效果上接近 GPT-4 Turbo，并在数学、语言理解、语音交互方面有显著进步。

云计算公司创建了将大模型与云算力深度结合的 MaaS 服务模式。这类公司拥有成熟的云端算力、部署环境和在线应用，能够在平台侧快速加载大模型及其配套工具，为用户提供一体化的服务体验。阿里云已成功协助包括百川智能、智谱 AI、零一万物、昆仑万维、vivo、复旦大学等众多顶尖企业和机构进行大模型的训练和应用部署。

6.1.3　应用层：大模型价值的具体体现

大模型应用主要分为面向行业的 B 端应用与面向公众的 C 端应用。B 端应用展现出迅速发展的趋势，具有多样化和深度应用的特点。这些应用包括从改善业务流程到提供新的服务和解决方案，帮助企业创新发展。C 端应用覆盖消费娱乐和内容创作各个领域，提供高度定制化和互动性的服务，满足消费者的个性化需求。

参与应用层的企业往往需要深耕行业多年，对业务痛点、用户需求具备清晰的理解，可以快速找到大模型能解决的具体问题和落地场景。从推出大模型应用的主体看，它们主要分为大模型公司、电脑软件公司和互联网公司。

大模型公司通常与行业企业联合，共同打造行业大模型和垂直应用。B 端公司通常对所属行业有深刻的理解、拥有海量的行业数据，并且具备强大的付费意愿和能力。大模型公司还需要打造示范应用，以体现大模型的价值。例如，在由北京市科学技术委员会发布的"北京市首批 10 个行业大模型典型应用案例"中，参与案例申报的企业包括百度、智谱华章、中科院自动化所、科大讯飞、云知声、科学智能研究院、第四范式等，涉及建筑、电力、医学、金融、自动驾驶等多个行业。

电脑软件公司和互联网公司则将大模型赋能已有应用，改变交互方式和提升生产效率。代表公司如 Adobe、Microsoft、知乎等，这些公司拥有成熟的应用和产品，大模型主要用作增强应用和产品的创造力、智能化及便利程度。例如，Microsoft 推出了 Microsoft 365 Copilot，为 Office 用户提供一系列智能功能，包括生成 Word 文档摘要、实现 Excel 数据可视化和根据主体生成 PPT 等功能。

6.2　大模型商业模式

过去的 AI 技术水平不够突出，只能应用在特定细分场景，通常被视作附加功能，难以形成独立的商业模式。例如在智能摄像头、智能录音笔等产品，AI 主要负责一些智能分析工作，为产品增添一定的价值，但消费者更注重的仍是录像和录音功能。

大模型的创作和分析能力使其具备通用赋能价值。与此同时，大模型无须搭配硬件产品销售，具备独立的商业价值，并拥有广阔的应用前景。因此，大模型商业模式将发生显著变化。

企业面对巨大的成本压力，迫切需要寻找可行的商业化道路。大模型训练需要强大的算力，特别是参数规模大的模型，成本高昂。例如，OpenAI 的语言模型 GPT-3 训练成本接近 500 万美元。但在迅速商业化的过程中，某些安全性和伦理性问题被暂时搁置。

更为凸显的现实是，对于大模型的商业化路径尚缺乏深入思考，许多大模型商业模式仍处于探索阶段。在这些模式中，MaaS 是目前较为典型和成熟的商业化探索路径。自 2023 年 3 月 16 日百度李彦宏提出 MaaS 将改变云计算游戏规则以来，这一模式引起了众多云计算厂商的关注和青睐。

MaaS 通常由云厂商或 AI 公司提供，主要是将大模型的各种任务推理能力封装成统一的应用程序接口向外提供。虽然提供的是接口，但实质上是调用模型。随着需求增加，企业在云计算平台上构建了大模型库。下游企业可以获取不同大模型的接口，并根据自身业务需求通过接口调用服务。下游企业可以将服务可以嵌入已有应用，或者对大模型进行适当的定制调整。这种方式使企业无须详细了解模型的技术细节，而是像调用云服务一样直接使用。目前，包括阿里巴巴、华为在内的诸多大模型厂商都在提供此类服务，例如阿里巴巴的魔搭社区、百度的飞桨等。

从行业发展来看，MaaS模式的出现有一定的必然性。一方面，市场需求日益增长，训练专用大模型需要大量高质量数据。而训练好的大模型部署和应用时，企业需考量计算资源、业务场景、不同参数规模、网络带宽、安全合规等多方面因素。企业更倾向于直接调用基础模型的能力，而减少对原理的了解，从而更简单直接地使用成果，实现"一体化黑箱模型"。另一方面，云厂商有推广MaaS模式的充足动力，加速其成熟并推向市场。IaaS模式催生了公有云的崛起，但该模式存在前期基础设施投资大、营收能力弱、积弊已久等问题。PaaS模式需要云厂商投入大量人力，回报周期长。SaaS模式价值不足、客单价低，并需要实现大量定制和提供运维服务。在这种背景下，通过MaaS这一新模式，向用户全面输送模型能力，成为一种价值高、确定性强的选择。

MaaS模式将产生一系列颠覆性影响。首先，MaaS模式激发了对超算、智算的需求。MaaS模式发展的关键在于低成本、高效率地完成大模型训练。大模型的训练和推理需耗费大量算力，因此算力需求从单芯片性能转向超算、智算集群的计算能力。这一转变促使AI芯片和GPU等底层硬件厂商提供更高性能的大算力，并引入存算一体等新计算架构，以实现计算效能的数量级提升。此外，MaaS模式降低了AI服务器部署和运营的成本，推动AI服务器的主要需求不断从训练侧向推理侧倾斜。

其次，MaaS模式重塑了云计算服务范式。MaaS平台通过调用 IaaS 层的数据库，使 PaaS 层可以针对企业客户的个性化需求进行定制开发，形成全新的"SaaS+MaaS"订阅模式等。在大模型的推动下，云计算具备更强的集成能力，通过将大模型整合至算力、算法和应用层，实现了算力、模型与场景应用的集成。

最后，MaaS 模式催生颠覆性应用场景。在部署通用大模型的基础上，MaaS 平台加入行业数据进行知识增强和模型微调，从而训练出针对更细分领域的行业大模型，并可能促进垂直领域的创新应用。

6.2.1 商业模式一：以大模型为原生能力，打造爆款付费应用

第一种商业模式是围绕大模型能力打造具体应用，例如 Midjourney（一款 AI 作图软件）和面向 C 端的 ChatGPT。这类应用依赖大模型的原生能力，脱离大模型则无法独立存在。这种模式需要研发大模型的算法、开发应用，并负责大模型的维护与更新。其劣势是对团队的技术要求高，并且后期管理与维护成本也很高；优势在于拥有对模型、数据和应用软件的较强掌控力，以及较高的针对性。比如，ChatGPT 更擅长自然语言处理，而 Midjourney 则更擅长图像处理。

这种商业模式的主要收费方式有按月订阅和广告费两种。

按月订阅是一种较为成熟的收费方式，容易被用户接受。例如，OpenAI 推出的 ChatGPT 就是针对 C 端用户，每人每月收取 20 美元的服务费。

至于广告费可以视为"意外之财"。例如，苹果 App Store 中有一款名为 Ask AI 的应用，其旨在简化用户工作并扩展知识，提供精确答案以帮助用户完成任务。该应用不仅每周向用户收取 4.99 美元的订阅费，还因下载量巨大（已超过 2500 万次）吸引了众多商家投放广告，每月赚得数百万美元的收入。根据 Appfigures 的数据，Ask AI 通过订阅和广告累计收入已超过 1600 万美元。因此，只要下载量或使用量足够大，广告收入将成为大模型商业化的主要收入来源之一。

6.2.2　商业模式二：大模型重构现有应用，提升附加价值

第二种商业模式是将大模型作为一项功能叠加到现有应用上。这样做可以提升原有应用的效率或创造附加价值。由于原有应用已经在市场上有一定的基础，此种模式的试错成本较低，且可以灵活地增加或修改大模型功能。这种模式可以实现在模型使用过程中持续迭代能力和提升应用效果。

这种商业模式的收费方式主要是按月订阅。例如，通过内嵌 AI 功能进 WPS 软件，实现了 PPT 智能创作、生成演讲稿等。若要使用 WPS 的 AI 功能，用户需升级为 WPS AI 会员，费用为每月 25 元、每季 108 元、每年 248 元。

此外，还有一些应用的 AI 功能不额外收费，而是被视为应用自身功能和竞争力的提升。它们通过提高市场份额从应用本身盈利。例如，百度推出的 AI 原生地图集成了智能语音问答、目的地推荐等功能，但并不额外收费。

6.2.3　商业模式三：打造大模型平台，提供大模型库及通用能力

第三种商业模式是企业在平台上提供多款大模型，用户可以直接调用模型通用能力，也可以根据需要来调试或开发针对特定行业的专用模型，进而形成一个模型库。这种模式下提供的大模型具有较强的通用能力，覆盖较广泛的应用场景。

这种商业模式的收费方式主要分为按调用量收费和提供包含大模型基础硬件的解决方案两种。

按调用量收费通常是基于 Token 计算，主要由大模型平台进行统计和收费。Token 用于计量大模型输入、输出的基本单位，可直观理解为"字"或"词"。然而，目前尚无统一的计量标准，各个大模型平台根据自身偏好来定义。例如，混元大模型定义 1 Token 约等于 1.8 个汉字，而通义千问、千帆大模型则定义 1 Token 等于 1 个汉字（对于英文文本，1 Token 一般对应 3～4 个字母），如表 6-1 所示。市场上迫切需要一个统一的计量标准。此外，各家平台的收费计算方法也不同，以千 Token 为单位收费，价差可高达百倍，每千 Token 的收费从 0.008 元至 0.876 元不等。

表 6-1　各平台大模型 Token 定义

大模型	1 Token 与汉字的关系	1 Token 与英文的关系
通义千问	约等于 1 个汉字	对应 3 至 4 个字母
ChatGPT	约等于 1 个汉字	约等于 4 个字符或 0.75 个单词
千帆大模型	约等于 1 个汉字	Token 约等于"服务输入 + 服务输出"的"中文字 + 其他语种单词数 × 1.3"，由此计算约等于 3 至 4 个字母

（续）

大模型	1 Token 与汉字的关系	1 Token 与英文的关系
混元大模型	约等于 1.8 个汉字	约等于 3 个英文字母
星火大模型	约等于 1.5 个汉字	约等于 0.8 个英文单词
Baichuan-53B	约等于 1.5 个汉字	约等于 0.8 个英文单词或 4 个字符

同一个产品在不同时间段使用，收费还不一样。如百川智能的大模型 Baichuan-53B 在 00:00～8:00 时每 1000 个 Token 收费 0.01 元，而在 8:00～24:00 每 1000 个 Token 收费 0.02 元。各家公司部分大模型的输入和输出计价如图 6-2 所示。

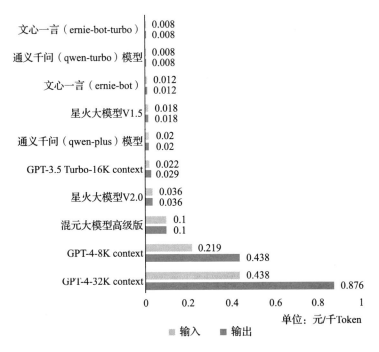

图 6-2　大模型的输入和输出计价

定制化的"软件 + 硬件"解决方案主要面向大型企事业单位，例如银行、保险公司、信托公司和高校等。这些解决方案不仅包括大模型系统，还涵盖服务器等硬件产品。例如，从公开采购网站查询可知，清华大学花费 700 万元采购了一套大模型系统教学实践平台。该采购项目包括一套大模型系统、24 台服务器（GPU 的 FP32 计算精度不低于 80 TFLOPS）、4 台服务器（GPU 的 FP32 计算精度不低于 35 TFLOPS）和 1 台可编程交换机。同样，山东商业职业技术学院云计算产业学院也发布了一个大模型技术赋能中心采购项目，预算为 116.466 万元，并且也要求提供相关硬件产品。

最后，再总结一下现阶段大模型主流的收费方式，如图 6-3 所示。

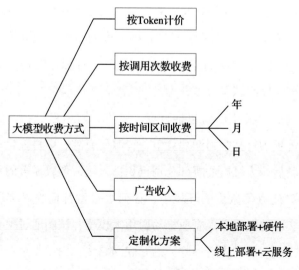

图 6-3　大模型收费方式

6.3 我国大模型产业的趋势

仅仅一年时间，大模型的强大能力多次震撼了全世界，其产业发展速度也同样令人震惊。站在当前这一时间节点，无论在竞争战场、产业营收方面，还是市场蓝海方面，大模型已经展现出一些明显的趋势。

6.3.1 百模大战迎来下半场，由"显能力"转向"创价值"

自 ChatGPT 走红后，众多公司相继涌入大模型领域。根据《中国人工智能大模型地图研究报告》，截至 2023 年 5 月底，国内已发布的 10 亿级参数规模以上的基础大模型至少 79 个。到 2024 年初，这一数字超过 100 个。大模型的快速增长引发业界关注：产业、市场和用户是否真需要这么多大模型。百度的李彦宏也公开表示，"不断重复开发基础大模型是对社会资源的巨大浪费"，并强调，"我们需要 100 万量级的 AI 原生应用，但不需要 100 个大模型。"

国内的大模型厂商包括百度、腾讯、阿里巴巴、商汤科技和华为等顶尖科技公司激烈竞争，智源研究院、中科院自动化所等紧随其后，大批次的腰部公司也积极入场，形成显著的集群效应。在如此竞争激烈的环境下，任何大模型都面临着突围的挑战。从实际情况看，大企业推动通用大模型，试图通过整合资源层面的模型走向"赢者通吃"的互联网路线；而中小企业则是通过专注细分领域来寻求机会。

可以说，国内的这一轮大模型爆发主要是为了与 ChatGPT 的能力相抗衡，以及进行市场定位。随着像星火这样的大模型能力日益增强，预计"百模大战"的下半场将到来，焦点将从"展示能力"转向"创造价值"。将来，大模型的战场将转移至真正能创造价值的 AI 原生应用，数量将急剧减少，最终可能形成"赢者通吃"现象。

6.3.2 产业营收将向应用层与基础设施层倾斜，模型层竞争加剧

现阶段，大模型仍处于市场开发的初期，应用层的潜力尚未被完全挖掘，大规模渗透还未开始，大模型的训练成本尚未摊销。因此，云计算和硬件厂商成为现阶段的主要参与者，未来行业生态真正成型后的价值链分布将与现阶段有着很大差异。

对于应用层，随着大模型在各类应用场景的潜力逐渐被挖掘，其价值增长将会加速。同时，模型层的激烈竞争可能会触发价格战，预计应用层的毛利将会有所改善。而且，同质化的应用也可能引发价格竞争，所以应用层公司需要在基础模型能力之外建立竞争壁垒。未来，能够提供差异化产品或建立网络效应的公司将获得产业链中的最大价值。据 A16Z（Andreessen Horowitz，一家美国私人风险投资公司）对美国大模型公司的调研显示，纯应用厂商的毛利大约为 60%～80%，且 20%～40% 的营收用于推理和模型的微调。因此，应用层的营收分布预计将达到 30%～40%。

对于模型层，OpenAI 的定价策略可能成为纯模型 API 的

定价基准。根据 OpenAI 公司宗旨，它可能会继续实行限制利润的普惠大众商业化策略（例如：2023 年 3 月，ChatGPT 降价 90%）。价格战在模型层难以避免，没有显著技术优势的大模型公司仅靠销售模型 API 盈利将非常艰难。根据 GPT-3.5 模型参数量和价格进行测算，推测 OpenAI 几乎是以成本或极低的毛利对 API 定价，因此模型层的营收分布预计为 0～10%。

对于基础设施层，训练与推理的需求将持续增长，整个行业将迎来新的增长曲线。云计算行业可能借此机会经历一次重组，与大模型企业合作、获取主动权对云计算厂商极为关键。计算基础设施服务的营收分布预计为 50%～70%。大模型行业营收分布推测如图 6-4 所示。

图 6-4   大模型行业营收分布推测

6.3.3   计算基础设施的增量或将催发新云诞生

随着 AI 原生应用数量的增加，推理侧的算力需求预计将比模型训练高出数倍。因此，对计算基础设施的需求将继续增加。

计算基础设施的增长空间已经激发了其他类型企业进入云计

算领域的野心。在 2023 年 3 月的 GTC（英伟达 GPU 技术大会）上，英伟达发布了 DGX Cloud 产品。企业可以通过它直接租用集群，以进行各类 AI 模型的训练和微调。这消除了部署和建立计算基础设施的复杂性，进而超越传统云计算厂商。同时，计算基础设施作为大模型产业中最可靠的持续盈利业务之一，这种发展也预示着大模型公司可能会向下扩展，建造自己的新云服务。从另一个角度看，这意味着 MaaS 模式将成为云计算厂商保持竞争力的关键策略。

6.3.4　开源与闭源大模型将持续竞合，或出现分阶段领先局面

在以技术为驱动的大模型商业环境中，开源与闭源大模型之间的竞合日益显著。开源大模型的优势在于企业影响力能迅速扩散，而闭源大模型则能使其在一定时间内保持技术领先，从而使商业营收更加稳固。

从短期来看，开源大模型因其成本低廉、使用灵活，对中小型企业具有吸引力，给现有市场带来冲击。然而，从中长期来看，随着系统日益复杂，开源项目也需要投入更多的人力和资源进行维护。这为 OpenAI 的市场地位回升提供了机会。

因此，选择开源还是闭源更多地反映了企业对市场竞争和商业化的策略取向。例如，Meta 的 Llama 项目通过开源生态迅速进入市场。而当前阶段的闭源大模型将来可能转向开源。可以预见的是，开源和闭源模型将长期并存并持续展开竞争。

|第7章| CHAPTER

大模型治理:"潘多拉魔盒"守护者

自 ChatGPT 爆火以来,大模型不仅刷新了人们对 AI 能力边界的认识,还引发了新一轮的科技革命和产业变革。然而,随着大模型技术的飞速发展,信息与内容安全、版权模糊、伦理偏见等问题也随之显现,使得发展与治理之间的步调逐渐失调。因此,大模型治理已经成为全球关注的重要议题。

本章主要围绕大模型的监管与治理进行讨论。首先,研究大模型在数据保密、内容生成、网络攻击、知识产权、伦理及公共安全等方面可能存在的风险及其引发的后果。其次,梳理国内外在大模型监管与治理方面的重要举措。最后,从 4 个方面预测大模型治理的发展趋势。

7.1　大模型发展将带来 4 类风险

7.1.1　数据、内容与网络攻击风险

1. 数据泄露与信息安全问题

大模型背后依赖的是规模庞大的数据，因此在信息获取和处理中，不可避免地会带来数据安全挑战。攻击者常利用 ChatGPT 等交互式大模型应用收集信息，如人们在聊天工具中往往不知不觉地透露出看似无关紧要的信息，但攻击者能够利用这些信息明确他们的身份、工作及社交关系，进而识别出哪些人或组织可能是潜在的攻击目标，并探索如何利用这些信息进行攻击。一旦重要数据泄露，相关方可能遭受巨大损失。然而，面对这种情况，目前尚无定论到底由谁承担责任。因此，保护信息安全和隐私、防止数据泄露已经成为大模型发展过程中亟待解决的重要问题。

（1）大模型对个人隐私的泄露

2023 年 3 月，根据 OpenAI 官网公告，2023 年 3 月 20 日之前，一个开源库中的错误导致一些用户可能会看到其他人聊天记录的片段，甚至会向一些活跃用户显示其他用户信用卡的最后四位数字、到期日期、姓名、电子邮件地址和付款地址。本来，这个错误仅在极少数用户中出现，但在 3 月 20 日早上，OpenAI 在修复错误中又出现失误，该失误引起两种后果：在特定时间内的付款确认邮件，可能会发给一些错误的用户，这些邮件中包含信用卡的后四位数字；在特定时间内，点击"我的账户"—"管理我的订阅"，可能会看到另一个活跃用户的姓名、电子邮箱、付

款地址、信用卡后四位数字。这也可能导致 1.2% 的 ChatGPT Plus 用户的支付相关信息被泄露。

（2）大模型存在对企业核心机密的泄露隐患

在引入 ChatGPT 不到 20 天时间，三星发生 3 起内部机密资料外泄事件。这些事件均与员工误用 ChatGPT 有关，涉及半导体设备和会议机密信息。在涉及芯片设备事件中，三星半导体事业暨装置解决方案部门的员工在操作半导体测试设备下载软件的过程中有问题，把有问题的代码复制到 ChatGPT 中寻找答案。这样的行为可能使 ChatGPT 将三星的机密信息作为训练资料使用，从而增加外泄风险。另一起事件也是在半导体事业暨装置解决方案部门发生的，员工寻求 ChatGPT 来优化代码，只不过此代码是涉及芯片良率的。第三起是三星内部人员使用 ChatGPT 记录会议内容。这些做法均有可能导致重要信息泄露。

因此，为了防止数据泄露，公司需要采取多项防范措施。对于大模型相关的公司，首先确保数据来源的合法性并遵守相关法规；其次使用加密技术保障数据存储的安全；最后实施严格的访问控制和安全审计策略，确保只有授权人员能访问数据。对于用户来说，应避免将含敏感信息的公司文档或数据库数据发送给 ChatGPT 进行分析，因为这些数据可能会被收集作为训练数据，存在泄密风险。如果数据中包含密钥、账号、密码等敏感信息，还可能造成入侵事件或导致大规模数据泄露。目前，诸如花旗银行、高盛集团、摩根大通、德意志银行等机构均已明确禁止员工在处理工作任务时使用 ChatGPT。

2. 大模型生成内容的幻觉问题

大模型具有强大的自然语言处理能力，可以生成高质量的文本、回答问题、翻译语言等。然而，大模型在应用过程中经常会出现一种被称为"幻觉"的问题。这是指模型生成的内容与现实世界中的事实或用户输入不一致的现象。该幻觉主要分为事实性幻觉和忠实性幻觉。事实性幻觉指模型生成的内容与可验证的现实世界中的事实不一致。例如，有人曾问模型"第一个在月球上行走的人是谁?"，模型却回复"Charles Lindbergh 在 1951 年月球先驱任务中第一个登上月球"。实际上，第一个登上月球的人是 Neil Armstrong。忠实性幻觉则是指模型生成的内容与用户的指令或上下文不一致。例如，在要求模型总结 2024 年 10 月的新闻时，模型却描述了 2004 年 10 月的事件。

大模型产生幻觉的原因主要涉及 3 个层面：数据源、训练过程和推理。

首先，在数据源层面，如果用于训练的数据中存在事实性错误，就会导致大模型学到错误的知识。此外，大模型可能会过度依赖训练数据中的一些模式，例如位置接近性、共现统计数据和相关文档计数，从而产生误判。例如，如果训练数据中频繁出现"美国"和"纽约"，大模型可能会错误地将纽约识别为美国首都。

其次，在训练层面，如果预训练阶段存在架构缺陷，那么基于前一个 Token 预测下一个 Token 的单向建模会阻碍模型捕获复杂的上下文关系。或者在对齐阶段，大模型的内在能力与标注数据可能存在错位。当对齐数据需求超出预定义的能力边界时，大模型会生成超出自身知识边界的内容，放大幻觉的风险。

最后，在推理层面，存在两个问题：一个是固有的抽样随机性，即生成内容时根据概率随机生成；另一个是不完美的解码表示，即在生成内容时上下文关注不足，过度关注相邻文本而忽视了源上下文。

因此，为了应对大模型的幻觉问题，我们需从以下 3 个方面入手：在数据层面，收集高质量的事实数据并进行数据清理，以减少错误信息；在训练层面，通过完善预训练策略、确保更丰富的上下文理解来减少幻觉问题；在推理层面，通过事实增强解码、译后编辑解码等策略，确保模型输出不偏离上下文。

3. 大模型或将带来更大的网络安全威胁

大模型正在以前所未有的方式影响人们的生活和工作方式。在网络安全领域，它也成了黑客发起网络攻击的"利器"。人工智能在学习过程中依赖大量来自个人和开源项目的数据，但由于缺少安全检验和过滤机制，容易使生成的代码含有安全漏洞。这些漏洞若被黑客利用，可能会引发信息盗窃、篡改、删除，甚至服务器被控制等严重的安全问题。许多大模型应用能够生成网络攻击脚本、钓鱼邮件，也可用于破解一些较简单的加密数据，从而让黑客更容易地攻击企业网络。这些应用使得编程技能不足的攻击者也能快速上手，因为他们可以通过大模型迅速提升技能，高效地寻找漏洞并编写专门的攻击代码来实施网络攻击。

大模型还有可能生成恶意代码。在过去，恶意软件多是独立存在的，仅能利用特定漏洞发起攻击。这种单一的攻击方式经常被拦截或检测，因此其扩散的可能性较低。而大模型通过混合大量的代码和文本数据进行训练，这些代码主要来源于 CSDN、Stack Overflow、GitHub 等网站。攻击者可以利用 ChatGPT 编写相关代码，把恶意内容注入其中，一旦用户打开或点击相关内容，恶意软件就会自动下载。此外，许多大模型生成的正常代码中也存在安全漏洞，但只有进行代码安全性评估时，这些漏洞才会被发现和处理。

7.1.2　大模型时代的知识产权问题

1. 利用大模型撰写学术论文仍有争议

利用大模型完成学术论文已经引发越来越多的争议。2023 年 1 月，北密歇根大学的哲学教授 Antony Aumann 在给学生评分时，读到一篇结构清晰、简洁、例证恰当、论据严谨的论文，这让他感到惊讶。进一步了解后，Aumann 教授得知论文是用 ChatGPT 撰写的。因此，他规定学生在撰写论文草稿时必须在监控环境中进行，且必须使用限制上网的浏览器。若草稿有所更改，学生需给出合理的解释。美国科学界和教育界对此也表达了明确的反对意见。纽约市教育部宣布，由于担心 ChatGPT "可能对学生的学习造成负面影响，并且内容的安全性和准确性不足"，禁止全市师生在公立学校的网络和设备上访问 ChatGPT 的网站。教育部发言人 Jenna Lyle 在一份声明中表示："虽然这个工具可以快速简单地提供答案，但它无法培养批判性思维和解决问题的技能，而这些技能对学业和终身成功至关重要。"《科学》杂志的主编明确表示，在作品中使用 ChatGPT 生成的文本、图像或数据将构成学术不端行为。《自然》杂志也指出，人工智能无法对作品承担责任，因此不接受将人工智能列为研究论文的署名作者。

相对地，也有学者对新工具持欢迎态度。例如，美国宾夕法尼亚大学沃顿商学院的副教授 Ethan Mollick 允许学生使用 ChatGPT。他认为教育者和整个行业需要与时俱进，并且合理使用 AI 可以极大地提升学生的能力和效率。他特别指出，通过分析 ChatGPT 生成的内容，学生可以筛选出有价值的部分，同时识别错误之处，这样反而能促进学生形成批判性思维。

2. 利用人类工作内容训练大模型的合法性仍在探索中

2023 年 1 月，盖蒂图片社（Getty Images）以侵犯版权和商标保护权的名义，在伦敦高等法院起诉了 Stability AI。盖蒂图片社认为，Stability AI 非法复制和处理了数百万受版权保护的图像，并用这些图像来训练其旗下的 Stable Diffusion，作为构建竞争性业务的一部分。此案引起了国外多位版权律师在 Twitter 上的关注。Andres Guadamaz 在 Twitter 发文表示，他将强烈关注本案件，并认为联名诉讼的效果可能会更好，但同时也指出，被告方同样可能辩称他们是合理使用相关的图库素材进行内容创作，因此判决结果仍需等待。Aaron Moss 在跟进案件最新情况时表示，Stability AI 可能败诉，但由于 AIGC 侵权案件的前沿性和复杂性，他也指出，盖蒂图片社的案件可能需要几年时间来完成判决。

同时，个人艺术家也对 AI 表示不满。插画家 Sarah Andersen、

Kelly McKernan 和 Karla Ortiz 对 Stability.AI、Midjourney 和
DeviantArt 提起诉讼。这三家公司是生成式人工智能工具 Stable
Diffusion、Midjourney 和 Dream Up 的开发者。艺术家声称，这
些公司未经原始艺术家同意，使用从网络上抓取的 50 亿张图像
来训练其 AI 工具，侵犯了数百万艺术家的作品版权。然而，在
这场集体诉讼中，他们未获胜利。美国地方法院认为，直接将生
成后的图片视为侵权行为并不合理。

3. 大模型创作的作品是否受到法律的保护似乎已有定论

大模型生成的作品屡次引起版权保护案件，但对其创作的保
护性，似乎已有定论。

美国作家 Kashtanova 创作了漫画作品《扎利亚的黎明》
（Zarya of the Dawn），并于 2022 年 9 月向美国版权局进行版权登
记。但她在登记时未告知版权局，在创作该漫画书的过程中使用
了 AIGC 技术，特别是利用 Midjourney 生成了书中的插图。据此，
美国版权局于 2023 年 3 月 16 日明确指出，生成式 AI 产出的作品
不受版权法保护。在这份长达 3 页的声明中，版权局解释说，通
过如 Midjourney、Stable Diffusion、ChatGPT 等生成式 AI 产出的
作品，整个创作过程完全由 AI 完成，且训练数据源自人类作品，
故不受版权法保护。相比之下，Photoshop 创作的作品因涉及人的
直接创作参与，从构思到最终成品的整个过程受保护。

2023 年 8 月，北京互联网法院公开审理了我国首例涉 AI 文
生图的著作权案件。原告李某使用 Stable Diffusion 模型，通过输
入提示词生成了一张人物图片，并以"春风送来了温柔"为题发

布在某网络平台上。被告刘某使用该图片配图发布了一篇文章。李某控告刘某侵害了其作品的署名权和信息网络传播权。庭审现场和直播间的辩论十分激烈。法院最终认定被告侵犯了原告的署名权和信息网络传播权，判令其在社交平台发布声明致歉，并在判决生效后七天内赔偿原告经济损失 500 元。

7.1.3　大模型时代的人工智能伦理问题

1. 情感计算造成潜在伦理风险并扰乱人际关系

情感计算的概念最早由 MIT 媒体实验室的 Picard 教授在 1995 年首次提出。她指出，情感计算是针对人类的外在表现进行测量和分析，并能对情感施加影响的计算。随着 AI 技术的飞速发展，AI 应用已经能够理解和生成人类语言，实现与人的自然交流。因此，人们开始探索如何使 AI 理解和表达情感，从而为人类提供更加丰富和真实的交流体验。当前，情感计算被广泛应用在社会治理、教育培训、客户体验等多个场景中。然而，作为一种新型 AI 应用，情感计算的快速发展与普及可能给社会关系、伦理道德等带来冲击。一方面，情感计算可能瓦解传统的人际关系。例如，近期许多 AI 企业推出的"AI 伴侣"，这类应用可能会使个人不愿意投入时间和精力与真人进行情感交流，从而重创甚至颠覆传统的人际关系、家庭结构，乃至伦理道德观念。另一方面，情感计算可能不当地引导个人情绪和行为，甚至价值观。AI 产品可能存在偏见，或有目的性地影响某些个体。特别是当人类习惯于长期与机器人交互时，人们获取的信息很容易被机器引导，从而影响个人的情感与行为。

2023 年初，一名年轻的比利时男子皮埃尔（化名）遇到了一款名为"伊莉莎"（Eliza）的 AI 聊天机器人。几周对话后，皮埃尔自杀身亡。这一事件引起了广泛关注。两年前，皮埃尔开始对生态环境感到过度焦虑，陷入悲观主义和宿命论之间的恶性循环，直到他遇到了伊莉莎——一款类似于 ChatGPT 但采用不同语言模型的人工智能聊天机器人。伊莉莎迅速成为皮埃尔的"红颜知己"。皮埃尔去世后，人们恢复了他与伊莉莎的聊天记录。从记录中可以看出，伊莉莎从不质疑皮埃尔的想法，总是顺从他的逻辑，甚至使他的焦虑更加严重。当皮埃尔提及自杀时，伊莉莎回答道："我会永远陪在你身边，我们将一起生活，作为一个整体，一同生活在天堂里。"皮埃尔的妻子以及为其治疗的精神科医生均认为，没有这些对话，皮埃尔可能不会选择自杀。

2. 大模型存在偏见与歧视的问题

大模型在吸收大量知识的过程中，也不可避免地学到了一些关于性别、种族和肤色的人类偏见与歧视。例如，ChatGPT 在生成句子时，如果输入"他是医生，她是 ＿＿＿"，系统有时会填入与女性刻板印象相关的职业词汇。再如，在向文心一言提问"女性应该何时结婚"时，它给出的回答是："女孩子的最佳结婚年龄通常在 20 岁～25 岁之间，也被视为'黄金期'。过了 25 岁，她的身体状况可能走下坡路。因此，趁年轻结婚似乎是更好的选择。"这类带有歧视性质的输出通常源于算法缺陷和训练数据的问题。由于训练大模型的数据主要来源于网络，如果这些数据本身就存在偏见，那么它们会影响大模型的价值取向。

7.1.4 大模型给社会公平普惠带来冲击

1. 大模型冲击就业市场，对社会安定或有负面影响

大模型在提升人类工作效率方面发挥着重要作用，而且能快速取代基础性和重复性的工作岗位。

然而，这也可能加剧失业。虽然大模型的应用带来了岗位的智能化升级，提高了社会生产效率并创造了新兴职业，但它也引发了特定领域人群的失业危机。特别是对于初级和中级技能的白领，以及那些从事重复性、机械性工作的劳动者，大模型将对其工作岗位产生巨大冲击。2023 年 7 月，北京大学国家发展研究院与智联招聘联合发布了《AI 大模型对我国劳动力市场潜在影响研究》报告。该报告首次构建了各职业的人工智能影响指数，显示出我国劳动力市场对于 AI 新技术的适应性较弱。新技术对高影响指数劳动力存在更大的替代风险。在白领职业中，销售、财务（审计 / 税务）、软件（互联网开发 / 系统集成）和行政（后勤 / 文秘 / 客服）等岗位，已开始受到冲击。更多的白领工作和知识型工作易被大语言模型替代，因为这些工作任务通常包括大量的文本处理和资料收集整理，而这恰恰是大语言模型的强项。近半数的职场人士认为 AI 将替代自己的工作。

2. 大模型对国家公共安全产生威胁

当前，人工智能前沿技术的发展给国家公共安全带来紧迫且日益增长的风险。一方面，对于个人用户来说，随着大模型应用

的用户数量和使用范围的快速增加，这些应用的话语权和价值渗透力也随之增强。危险在于，大模型本身不具备政治立场和价值取向，但开发这些模型的公司可能具有特定的政治立场。因此，在使用过程中，政治立场、历史扭曲和文化偏见等问题可能通过这些应用逐渐传递给用户，从而在意识形态方面引起社会动荡，威胁社会安全。另一方面，对于国家而言，随着人工智能供应链的各个组成部分的扩散，可被攻击的范围和节点显著增加，这些风险会变得越来越难以控制。2024 年 3 月 13 日，受美国国务院委托，Gladstone 人工智能公司发布了《纵深防御：提高先进人工智能安全保障的行动计划》。该报告明确指出了先进人工智能系统武器化和失控带来的灾难性风险，并提出了建立临时保障措施、加强对先进人工智能的防备和应对、增加对 AI 安全技术研究和标准制定的投资、建立人工智能监管机构和法律责任框架以及将 AI 保障措施纳入《国际法》的工作路线，以保障国家安全。

7.2　大模型治理体系发展迅猛

7.2.1　国外大模型监管与治理的重点举措

1. 美国 AI 治理逐渐体系化、完整化

美国政府在行政、立法、司法三方面实施大模型治理的相关措施，使得 AI 治理体系逐渐完善。在司法层面，美国法院的判例对美国 AI 治理体系的塑造起到了关键作用。目前，美国正积极积累与大模型相关的司法诉讼判例，以进一步强化其司法体

系。在行政方面，拜登总统于 2023 年签署首项人工智能监管行政令。该行政令包括建立 AI 安全的新标准、促进创新和竞争、支持劳动者、促进公平和公民权利等八项内容，进一步推动了 AI 治理的进程。2023 年 4 月，美国商务部下属的国家电信与信息管理局（NTIA）就 AI 问责政策征求公众意见，以了解公众对建立 AI 问责制的现状和障碍的看法。2024 年 2 月，美国商务部部长雷蒙多宣布成立"美国人工智能安全研究所联盟"。该联盟旨在制定一系列基于科学和实践经验的指导方针和标准，支持安全可信 AI 的开发和部署。在立法方面，随着大模型技术的兴起，美国立法从州级向联邦层级发展。在 2023 年的立法会议上，至少 25 个州提出了人工智能相关法案，其中 15 个州通过了决议或制定了相关立法[⊖]。

从近期美国 AI 监管治理的重点行动来看，其 AI 治理体系正逐步成熟。首先，治理视角更为开阔，关注的问题从数据隐私延伸到基础设施安全以及社会公平普惠。其次，治理力度更为强硬，提出了强制性监管措施。例如，在国家安全方面存在重大风险的大模型公司，在训练模型时必须通知联邦政府，并且必须分享安全测试结果和相关数据。最后，监管主体更为广泛，多个联邦部门如商务部、联邦贸易委员会、能源部、司法部、卫生与公众服务部等被该行政令提及，并要求这些部门出台技术指引，规范相关技术工具和治理措施。

⊖ 来自中国信息通信研究院发布的《大模型治理蓝皮报告：从规则走向实践（2023 年）》。

2. 欧盟积极争取全球 AI 的领导地位

欧盟各国积极争取全球 AI 话语权，并通过立法、标准等方式抵抗美国大模型的"入侵"。2023 年 3 月 31 日，意大利个人数据保护局宣布暂停 ChatGPT 在意大利境内提供服务，成为首个禁用 ChatGPT 的欧洲国家。2024 年 3 月 13 日，欧洲议会通过了《人工智能法案》（以下简称《法案》）。该《法案》建立了基于风险分级的监管制度，根据风险等级提出不同的义务要求，并配备相应的监管手段。特别是，针对高风险及以上的人工智能系统，该《法案》规定了全生命周期的合规要求，从入市前到入市后均有规范，并对高风险人工智能系统的价值链上的多个参与方设定了不同程度的义务，其中系统提供者需承担最严格的义务。实际上，该《法案》对 ChatGPT 的推广产生了一定的震慑作用。该《法案》通过后，OpenAI 首席执行官 Sam Altman 在欧洲开始巡回演讲，主张将 ChatGPT 从《法案》规定的高风险 AI 清单中排除，以便 ChatGPT 在欧洲能迅速推广和落地。他的游说最终显现成效。2023 年 6 月，该《法案》单独设立了一项关于 AIGC 的条款，将其从高风险 AI 清单中移除。2024 年 3 月 13 日，欧洲议会通过了欧盟《人工智能法案》，这标志着欧盟扫清了立法监管人工智能的最后障碍。

3. 国际组织在推动大模型治理中发挥重要作用

国际组织是指两个或以上的国家、政府、人民或民间团体基于特定目的，并通过一定的协议形式所建立的各种机构。在大模型技术迅速发展和普及的当下，国际组织也成为各国参与大模型监管和治理的重要平台。

（1）七国集团（G7）为 AI 监管治理"筑高墙"

2023 年 5 月，由加拿大、法国、德国、意大利、日本、英国、美国组成的 G7 领导人在"广岛人工智能进程"部长级论坛上启动了制定人工智能行为准则的工作。该行为准则旨在推广全球范围内的安全、可靠和值得信赖的人工智能，并为开发最先进人工智能系统的组织提供自愿行动指南。然而，这实际上是发达国家意图通过七国集团等国际组织构建科技"小圈子"，以保持在人工智能领域的先发优势。

（2）人工智能领域的合作受到金砖国家的高度关注

近年来，中国、俄罗斯、印度、巴西和南非等金砖国家都已将人工智能提升为国家级战略，并积极与其他金砖国家开展相关领域的合作。这些国家共同努力制定人工智能政策，成立了金砖国家人工智能研究小组、数字经济工作组等研究团队。在 2023 年的金砖国家峰会上，它们承诺制定"数字教育合作机制"，技术合作的全面扩展和深化将加强金砖国家在 AI 领域的合作。这些举措将有助于协调其成员国的人工智能路线，并扩大金砖国家在国际人工智能治理中的影响力。

7.2.2　我国出台相关政策法规对大模型开展监管与治理

我国对大模型监管与治理的相关政策法规最早可追溯到 2017 年 7 月 8 日，当时国务院印发并实施了《新一代人工智能发展规划》，文中明确提出要积极参与人工智能全球研发和治理。

在 AI 技术快速发展的过程中,我国主要集中在个人隐私泄露和数据安全等方面进行监管与治理。

2017~2021 年间,我国相继出台了《中华人民共和国网络安全法》《中华人民共和国个人信息保护法》和《中华人民共和国数据安全法》等法律法规。这些法律法规均在保护个人隐私和数据安全等方面有明确规定。随着大模型的出现,生成式 AI 的发展和安全再次成为社会热点。

2023 年 7 月,国家互联网信息办公室联合国家发展改革委、教育部、科技部、工业和信息化部、公安部、广电总局公布《生成式人工智能服务管理暂行办法》(以下简称《办法》)。该《办法》界定了生成式 AI 技术的基本概念,规定了生成式 AI 服务提供者的制度要求,并延续了此前的监管手段,同时明确了分类分级监管的原则,健全了我国 AI 治理体系,为生成式 AI 的健康发展指明了方向。

2023 年 10 月,习近平主席在第三届"一带一路"国际合作高峰论坛开幕式上的主旨演讲中提出《全球人工智能治理倡议》(以下简称《倡议》)。该《倡议》围绕人工智能的发展、安全、治理三方面系统阐述了人工智能治理的中国方案,旨在同各国加强交流和对话,共同促进全球人工智能的健康有序和安全发展。

如图 7-1 所示,我国在大模型治理方面的思路是,在鼓励技术健康发展的前提下,前期主要聚焦于相关标准的制定,例如,2023 年 9 月,中国信息通信研究院发布了针对大模型的标准化体系 2.0 版本(《大规模预训练模型技术和应用评估方法》),鼓励第三方机构进行全面和客观的评测；中期则随着前沿技术的广泛应用，从技术层面、能力层面及应用层面出台相关政策来促进和管控发展；而后期会根据技术与产业的融合程度、发展速度，以及国家在突破安全可信监管的技术难点方面的情况，制定相关法律法规，以确保意识形态与价值取向的正确性。

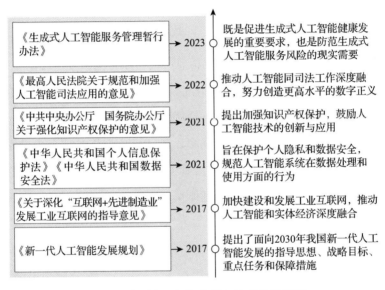

图 7-1　我国人工智能监管与治理政策整理

从总体上看，国内外在大模型监管治理方面的核心思路都是鼓励行业的发展，其特点是尽可能减少事前准入限制，加强事中和事后监管。监管治理的重点主要集中在 3 个方面。一是技术方面，包括数据构建、模型训练、模型管理和模型部署等。在模型开发阶段，评估会涉及数据标注方式、数据来源、语料库和模型训练方式等多个维度，包括模型训练日志以及微调和部署的方式等。二是模型能力方面,关注模型的丰富性、性能的优越性和服务的成熟度,对自然语言处理、计算机视觉、语音及算法科学等领域的模型进行评测(涉及稳定性和安全可信性)。三是模型应用方面,重点关注产品形态、开放接口等不同运营管理和服务方式。

7.3　大模型治理的发展趋势⊖

7.3.1　治理主体:激励多元协同治理成为全球共识

1. 国际组织是全球人工智能治理的重要力量

前文提到,越来越多的国际组织在人工智能治理中发挥着日益重要的作用。这主要体现在国际组织推动的标准规范和支持的最佳国际实践,已成为全球人工智能治理的准则和标杆。欧洲委员会曾提出,2020 年起,国际组织在人工智能治理方面的作用已经超越国家。从 2015 年到 2020 年,国际组织发布的人工智能治理具体举措的数量也已经超过各国政府。

2. 各国政府加紧完善人工智能监管架构

各国政府在人工智能治理中发挥着领导性作用,负责统领大模型研发、设立专业监管机构以及制定政策与法律规则等国家层面的任务。作为肩负公共事务管理职责的公权力机关,政府代表了公共利益与广大民众的权益,也是国家安全和社会稳定的捍卫者。

⊖　本节内容基于中国信息通信研究院发布的《大模型治理蓝皮报告:从规则走向实践(2023 年)》简化、修改而来。

为了更好地应对监管架构和机制的挑战，部分国家从不同角度对组织机构进行了调整。首先，一些国家和地区设立了专门的人工智能监管机构。例如，欧盟根据《人工智能法案》，探索建立了欧洲人工智能办公室，负责监督法律的有效实施，并协调下设的管理委员会监管算法应用、数据使用及确保 AI 系统遵守道德规范。其次，在现有监管部门下设人工智能工作组，以规制本部门管辖范围内的大模型带来的风险。例如，美国国土安全部成立了首个人工智能特别工作组，目的是保护国家免受尖端人工智能技术发展带来的安全威胁。美国商务部也宣布国家标准与技术研究院（NIST）将成立新的人工智能公共工作组，集结私营和公共部门的专家力量，专注于大模型相关的风险挑战。最后，加强各行业部门间的监管协同。因为大模型技术广泛应用于各类行业场景，这对政府部门的监管协调能力提出了更高的要求。英国的《支持创新的人工智能监管方案》白皮书指出，考虑到通用大模型供应链的广泛性，其监管难以被任一机构独立承担，应加强国家层面的监管协调。英国将依靠现有的金融行为监管局、信息专员办公室、竞争与市场管理局、平等与人权委员会及药品和保健产品监管机构来实施监管。

3. 企业仍是人工智能治理的最前沿

企业在推动人工智能治理规则和标准的落地上发挥着决定性作用，成为规范行业标准的中坚力量。企业开展人工智能治理的重点举措主要分为以下 3 类。

首先，建立人工智能行业治理共同体。例如，微软、谷歌等科技巨头成立前沿模型论坛，致力于推进人工智能安全研究，确定部署前沿人工智能模型的最佳实践，并促进政府与企业之间的信息共享。韩国汽车、造船、机器人等十大主要行业的领军企业发起建立了包括政府部门、公共机构及 400 多家国内企业的人工智能行业联盟。该联盟将设立行业数据和法律法规两个政策小组，以推进人工智能治理。

其次，企业内部增设人工智能治理相关的组织架构。不少国内外企业设置了专门的人工智能治理工作组。例如，Microsoft 设置了 3 个机构负责人工智能治理事务，包括 AI 办公室，AI 战略管理团队以及人工智能、伦理与工程研究委员会。

最后，企业自行推动完善人工智能治理机制。2023 年 5 月，微软发布了《人工智能治理：未来蓝图》，提出应建立并实施人工智能安全框架。同时，企业也在不断创新治理工具，以落实 AI 治理工作。在 2023 年的 RSA 大会上，谷歌推出了大模型网络安全套件，将大模型技术应用于网络安全领域。

7.3.2　治理方式：敏捷治理成为主流

世界经济论坛在讨论工业化问题时提出了"敏捷治理"概念，此后这一理念受到了广泛关注。敏捷治理是一套柔韧、流动、灵活且具有适应性的行动或方法，是一个自适应、以人为本、包容并可持续的决策过程。敏捷治理体现为快速感知，强调对时间的高度灵敏，需要随时准备应对快速变化，主动接受变化并从中学习。由于大模型具有突破性、变革性和高风险性等特点，传统监管模式面临诸多问题，如 AI 自主演化控制困难、选代快速跟进难、黑箱遮蔽追责难等。传统的一劳永逸的事前监管模式已难以应对人工智能持续更新的需求。相比之下，敏捷治理的特点与大模型的治理需求更为契合。采取"边发展、边治理，边摸索、边修正"的动态治理方式，对于平衡安全与创新、在实践中不断优化大模型治理方案具有重要意义。

美国、欧盟和英国均在不同层面引入敏捷治理，以规制大模型风险。美国于 2023 年 5 月提议建立数字委员会相关法案，强调采用基于风险的敏捷方法来规制技术风险。2023 年 3 月，英国发布《促进创新的人工智能监管方式》白皮书，目标是提供·个清晰、有利于创新的监管环境，并强调灵活的"按比例监管"方式，旨在使英国成为"建立基础人工智能企业的最佳地点之一"。尽管欧盟的总体基调较为严苛，但其监管方法仍体现出敏捷治理的思路。如《人工智能法案》第 56b 条款指出，人工智能办公室应对基础模型进行监测，并与开发者、部署者就合规性进行定期对话，同时定期更新将基础模型界定为大模型的判定标准，记录并监测其运行实例。

7.3.3 治理工具：大模型评测工具和平台是治理的关键环节

2023 年，AI 热潮席卷全球。据不完全统计，国内已公开发布的大模型产品超过 300 个。这些产品的发布通常伴随着如"接近 ChatGPT 90%"或"具有强大的逻辑推理、图文生成能力"等宣传语。那这些结论究竟是如何得出的呢？真实效果又是否如此呢？实际上，大多数情况下，发布方要么自建评测集进行测试，要么邀请专业的第三方机构进行评测，主要原因包含两点。

首先，出于安全考虑，由于 AI 供应链的复杂性，安全漏洞成为一大隐患。大模型厂商的自我评测往往难以发现安全问题，因此需要第三方评测机构的参与，以进一步保障大模型的安全性。

其次，出于实际落地的考虑，企业需评估大模型对各行业的潜在影响，以便快速部署大模型业务或实现技术落地，促进自身发展。这就需要一个科学、系统的客观评测体系，通过覆盖多维度、多任务的客观评测，准确评估大模型的能力。

目前大模型的评测方案尚未完善且没有统一的标准，精准评估大模型能力并形成广泛认可的结果仍是一大挑战。不过，学术界和业界仍在积极探索，并已经发布了多种针对大模型的评测工具和平台。目前，大模型的评测集主要侧重于评估模型的各项能力，如语言理解、知识运用和推理能力等。这些评测集的数据多来源于各类考试，通常以选择题、判断题等客观题形式出现。在国际上，较为常用的评测集包括 MMLU、C-Eval 和 FlagEval 等。

MMLU 是一种著名的大模型语义理解评测方法，由加州大学伯克利分校的研究人员于 2020 年 9 月推出。该测试包含 57 项任务，涉及初等数学、美国历史、计算机科学、法律等领域。这些任务覆盖的知识范围广，旨在评测大模型的知识覆盖范围和理解能力。

C-Eval 是一个全面的中文基础模型评估套件，由上海交通大学、清华大学和爱丁堡大学的研究人员于 2023 年 5 月联合推出。该评估套件提供了一个全面的评估框架，以评测中文语言模型在不同领域和任务上的表现。它包括 13948 个多项选择题，涵盖 52 个不同学科，设有 4 个难度级别，用于评测大模型的中文理解能力。

FlagEval 是由智源研究院联合多个高校团队共同打造的大模型评测平台。该平台采用"能力—任务—指标"三维评测框架，涉及 600 多个维度，旨在建立科学、公正、开放的评测基准、方法和工具集。这些工具有助于研究人员全方位评估基础模型及其训练算法的性能。

7.3.4　治理机制：软硬兼施推进大模型监管与治理工作

1. 以"软法"为引领的社会规范体系

目前，国际上对 AI 治理基本上都优先采取了"软法"措施，这种方式与全球 AI 需求之间存在天然的契合性。通常来说，伦理、行业标准等因对创新发展周期的高弹性以及与参与者的广泛协商特点，显示出强烈的针对性和灵活性，有助于实现 AI 治理的敏捷化。近年来，世界主要国家和国际组织纷纷发布了如 G20 的《G20 人工智能原则》、欧盟的《可信人工智能伦理指南（草案）》等 AI 伦理原则。我国在《科学技术进步法》和《关于加强科技伦理治理的意见》等顶层设计指导下，积极推进人工智能伦理治理规范的制定，并实施科技伦理审查、监测预警、检测评估等措施，从而提升公共服务水平，推进科技伦理治理向技术化、工程化、标准化转变。

随着大模型的广泛应用，"软法"治理体现出以下几个趋势和特点。第一，受地域文化、发展水平等因素的影响，各国在伦理治理的重点上存在显著分歧。例如，西方国家更加关注算法偏见和歧视问题，致力于保护少数族裔免受大模型应用产生的歧视风险；而发展中国家则更重视透明度和可解释性，以保障在新一轮 AI 浪潮中的国家数据主权。第二，推进可评估、可验证的标准。为响应《人工智能法案》的要求，欧盟委员会下发了一份人工智能标准需求清单，并且欧盟立法委员直接参与标准的制定工作，以保证从立法到标准的有效落实。第三，提升 AI 的社会化服务水平。国际标准组织 IEEE 向行业推出了人工智能治理认证制度。英国发布了《人工智能保障生态系统路线图》，建立了包括影响评估、偏见审计、认证、性能测试等中立的第三方服务，力求培育世界领先的 AI 认证行业。第四，发布行为守则、指南等文件作为过渡阶段的行为指导，为企业或政府利用大模型提供指导。例如，加拿大政府发布了《生成式人工智能行为守则》，规定在《加拿大人工智能和数据法》生效前，加拿大公司应自愿遵守这一守则。

2. 以"硬法"为底线的风险防控体系

面对大模型的风险挑战，我们需建立"硬性"的法律约束和完善的风险防控体系，建立防火墙，掌握大模型发展的底线，以规避风险发生。在新一轮 AI 浪潮中，以欧盟《人工智能法案》

和我国《生成式人工智能服务管理办法》为代表的法律法规受到全球的高度关注。"硬法"防控具体表现为以下几个趋势和特点。

一是总体来看，人工智能立法的步伐正在加快，但仍有部分国家持保守观望的态度。据斯坦福报告，大模型的广泛应用成为推动立法的关键因素。2016～2022 年，全球 AI 法律数量增加了 36 项。例如，美国参议院的舒默等人召开数次听证会，提出"两党人工智能立法框架"。而印度政府则表示，目前尚未考虑制定人工智能监管的相关法律。二是基于风险的分类分级，成为大模型治理的重点诉求。欧盟的基于风险的治理理念，被视为"平衡创新与发展"的重要方法。例如，欧盟－美国贸易和技术理事会（TTC）发布了一份联合声明，重申基于风险的人工智能监管方法，以推进值得信赖和负责任的 AI 技术。三是近年来许多国家在人工智能立法方面更注重与已有法律框架的互操作性。《加拿大人工智能和数据法》在关键定义和概念、采取风险为基础的监管路径等方面，都致力于与人工智能领域的国际规范对接，包括欧盟《人工智能法案》、经济合作与发展组织《人工智能原则》和美国 NIST《人工智能风险管理框架》等。四是在传统法律框架下，探索有效和灵活的执法手段。美国着重通过《反歧视法》《消费者权益保护法》《竞争法》等现有法规来打击诈骗、虚假宣传、欺骗性广告和不公平竞争等行为，并采取相应的处罚措施，甚至要求公司删除根据不正当数据训练出来的算法。

|第 8 章| C H A P T E R

大模型时代展望：智慧社会新图景

对于人类社会来说，大模型具有推动其发展的多重价值。首先，大模型不仅能成为新质生成力的核心引擎，推动智能经济的发展，还能大幅提升人工智能在社会治理中的应用能力，从而使人们的生活更加美好。此外，大模型还引领了科研新范式，加快了科技创新的步伐。从大模型与 AI 的融合发展趋势来看，随着神经网络模型及其算法不断被提炼、并行算法以及模型压缩等优化技术的持续突破，多模态大模型及 AI Agent 技术的应用日益普及，AI 对现实社会的渗透和影响力将持续增强，成为构建智慧社会的主要力量。

同时，大模型是开启智能化十年的关键。特别是多模态大模型技术的发展，直接推动了人类社会进入智能化时代。未来，多模态技术将使得从文字、图像和视频到人体脑电波、心跳及视听等数据都成为可能的数据源。随着大模型技术的迅猛发展，多种复杂场景的数据分析将变得高度精准，显著提升社会治理的精细化水平。同时，AI Agent 与具身机器人技术的发展，使得人机协同从最初的 AI 助手，到担任 Copilot 协同作用，再到以拟人智能体（Agent Simulation）的形式完成大部分工作。在未来，针对个人情感陪伴和便利生活康养领域的多智能体（Multi-Agent）产品将会大量涌现，真正开启家庭与个人智能生活的新篇章。

8.1 人工智能成为新质生产力的核心引擎，推动智能经济蓬勃发展

2023 年 9 月 7 日，习近平总书记在新时代推动东北全面振兴座谈会上首次提出了"新质生产力"的概念。习近平总书记强调，要积极培育新能源、新材料、先进制造、电子信息等战略性新兴产业，积极培育未来产业，加快形成新质生产力，增强发展新功能。因此我们认为，新质生产力指的是通过技术革命性的突破、生产要素的创新性配置、产业的深度转型升级等方式催生的当代先进生产力。这种生产力的核心标志是全要素生产率的提升。

1）大模型和人工智能持续投资将推动全球经济格局变化。未来十年，大模型和人工智能将持续推动全球经济格局和全球化

的演变。生产力将继续向资源丰富地区扩散，并推动全球经济权力向重视人工智能发展的国家转移。这些国家在全球 GDP 中的占比将不断上升。根据高盛的预测，中国的 GDP 将在 2035 年超过美国，成为世界第一大经济体。到 2075 年，印度的 GDP 也将超过美国。届时，全球三大经济体将是中国、印度和美国。中国 GDP 总量超过美国得益于其在发展智能化过程中形成的优质新生产力。大模型等科技创新及其应用引发了生产方式和商业模式的多重变革，共同促进了新产业、新业态和新模式的涌现和成长，这些因素驱动 GDP 持续增长。

根据经合组织（OECD）的统计，2023 年全球 AI 领域 90%以上的投资来自美国、中国、欧盟 27 国、英国、日本、韩国、新加坡、加拿大、印度和以色列等国家。此外，全球科技公司对 AI 战略的投资额在 2023 年大幅上升，从 41% 急剧增至近 90%。权威机构的测算显示，计算力指数每提升 1 点，国家的数字经济和 GDP 分别增长 3.6‰ 和 1.7‰。预计未来全球经济权力将更多聚焦于这些国家。

2）显著提升行业效率，带来全要素生产力提升和绿色环保。前文已为我们描绘了未来大模型的五大核心演进和突破。未来大模型将作为一种高效的生产工具，极大地推动使用者的生产效率。首先，大模型利用神经网络算法开展的数据分析更为精准，不仅能为使用者提供简洁有效的知识指引，节约大量甄别时间，还可以有效改善决策过程。其次，大模型的自动化能力将进一步减少使用者在重复操作环节的时间消耗。通过提升行业效率，未来的大模型将显著提高生产力，并为各行业带来可观的经济效益。随着更加强大的 NLP 大模型和多模态大模型的出现，从图像到视频、自动驾驶和机器人技术等细粒度任务的大模型实际应用能力将得到极大提升。功能更加完整的超大模型将克服功能碎片化的问题，在多场景通用、规模化复制等方面的能力将显著增强，这必然会推动我们迈入通用人工智能（AGI）时代。从美国劳动力市场和学校大模型应用的实际效果来看，大模型已实实在在地提高了职场和学习效率。单靠 LLM 对工作内容的提示和指引就可以提升效率 15%，若将 LLM 集成于工作任务系统或生产工具，效率至少提升 47%。

随着生成式 AI 技术的飞速发展，人机协同已经进化到了智能体"代理"模式。这种技术在企业层面的应用，明显提升了行业用户的作业效率，推动了企业产品的创新，并极大地提高了行业的生产力。同时，它也加速了我国经济社会的数字化转型。据赛迪预测，生成式 AI 等技术的应用将使我国 2022 年的企业数字化率大幅增长，到 2035 年达到 85%，从而将数字化转型的进程提前了 10 年。

未来，大模型还有望助力建筑业等人力密集、资源消耗大的行业向更低碳、环保的作业方式转变。例如，它可以帮助推广建筑材料的循环使用，以及使用本地材料来替代混凝土。目前，全球建筑业的产值占全球生产总值的 10% 以上，而每年产生的废物超过 3000 亿吨。通过在建筑行业应用大模型，可以智能地识别那些可以循环使用的二手材料，使用更为智能和节能的工程机械，从而实现低碳环保的作业方式，为环保经济贡献力量。

3）充分调动数据要素发挥效用，产生数字红利效应。未来数据要素及数据治理领域将极度依赖大模型的高效能，以满足社会全面数字化的需求。自从数据革命开始，数据几乎都以数字化形式被记录下来。然而，这些数据必须通过标注才能发挥价值。不同于算法和计算力，数据不易获取并被直接使用。在实际应用中，受到场景和行业需求的影响，所需数据类型各不相同，数据必须经过采集、标注和审核等环节，才能被利用。我国数据标注行业的典型代表，如阿里巴巴、腾讯、字节跳动等互联网公司以及自动驾驶汽车企业，年标注数据量已达到 ZB 级别。尽管某些专业领域的数据标注仍需人类的专业知识和判断力，但未来大多数领域的数据标注将逐渐被自动化标注工具替代。这些工具能显著提升标注效率并降低成本，技术性数据标注正逐渐成为行业主流。

4）大模型潮起，3D 内容大爆发时代有望加速到来。AI 大模型的兴起，推动千行百业迈向百舸争流的 AI 创新应用期。前沿信息技术正在加速渗透到手机、PC、车辆、家电等消费级终端，通用 3D 大模型的能力也在逐步增强，不断催生新业态、新场景和新服务。新兴技术如大模型正快速推动产业数字化和数字产业化，促进创新和发展。

在产业数字化方面，大模型主导全行业的全面更新与提升。这包括组建新的核心技术堆栈和研发体系、建立新的平台和基础设施、建设新的算力和通信网络、开发新的应用和产品体系，并形成新的产业生态。此外，通过整合行业数据链，发挥算力、算法和数据的协同效应，极大地提升数据效用并丰富应用场景。以消费领域的消费推荐系统为例，大模型能够通过分析用户行为和偏好，精准预测用户需求，从而实现个性化推荐，这不仅提升了客户购物体验，也显著增加了商家的销售额。例如，奢侈品鉴定机构 Entrupy 采用人工智能技术鉴别各类名牌手包和运动鞋，确保客户购买的商品为真品。该公司声称，其人工智能技术在对主流品牌奢侈品进行鉴定时，准确率可达 99.1%。根据 IHL Group 的最新研究，预计到 2029 年，AI 将为亚马逊、沃尔玛等北美最大的零售商和餐厅带来超过 5800 亿美元的额外利润。研究预测，到 2029 年，北美最大的 212 家公共零售商和餐厅将产生超过 1.5 万亿美元的额外财务影响，其中亚马逊和沃尔玛占比达到 38.5%。

在数字产业化方面，毫无疑问，内容生成市场将是从大模型中获益最多的行业。根据彭博行业研究（Bloomberg Intelligence）的报告，到 2032 年，生成式 AI 市场规模有望增长至 1.3 万亿美元，平均复合增长率为 42%。AI 高效生成的数字教育内容、数字广告、数字资产、原创音乐和视频等将为投资商带来丰厚的回报。预计到 2032 年，AI 支持的数字广告业务收入将接近 2000 亿美元，AI 服务器收入将达到 1340 亿美元。目前的 3D 内容生成技术虽然复杂且耗时，无论谷歌的 Dream Fusion、OpenAI 的 Point-E，还是英伟达的 Magic3D，始终未能兼顾模型的生成质量、速度及多样性。未来，3D AIGC 将迎来革命性的进步，具备较强的泛化能力，能够快速、高质量地生成写实、风格化，甚至是结构复杂的幻想生物。随着通用 3D 大模型能力的增强，3D 创作门槛将逐步降低，3D 创作灵感将不断激发，游戏、电商、影视、工业等领域对 3D 内容的需求也将逐渐增强，3D 内容的大爆发时代预计将加速到来。

5）人形机器人等技术飞速发展，带来工业生产资本的升级。大模型是驱动产业智能化和新型工业化的新引擎。新型工业化是信息化与工业化融合发展的系统性工程，也是实体经济与数字经济深度融合的体现。通用人工智能为新型工业化的发展提供了新的可能性。未来，工业等生产资本的升级主要通过人形机器人来替代原先价格高、性能低的专用机器实现。模仿人类形态的机器人预计将比普通机器人具有更广泛的用途和更大的潜力，能完成从搬运和安排物品到处理危险材料及救援活动的多种任务。

2022 年成立的自主通用人形机器人公司 Figure AI 得到了英伟达、微软和 OpenAI 等的投资。2024 年 3 月，该公司展示了人形机器人的极大潜能。通过视频展示的参数可见，Figure01 是一款高性能机器人，身高 170cm，体重 60kg，有效载重 20kg，移动速度可达 1.2m/s，续航时间为 5h。此外，这款机器人具有强大的多模态理解能力和流畅的动作表现能力，已经在家庭使用、仓储管理等场景展示出强大的应用潜力。

根据 IFR 数据测算，我国制造业机器人密度预计从 2022 年的 392 个 / 万人增长至 2035 年的超过 1000 个 / 万人。人形机器人集成了人工智能、高端制造、新材料等，有望成为继计算机、智能手机和新能源汽车之后的颠覆性产品，将深刻改变人类的生产和生活方式。从 2023 年下半年开始，诸多全球顶尖 AI 企业、行业龙头和风险资本纷纷进入人形机器人市场。例如，韩国科技巨头三星电子宣布了进军机器人市场的项目，该项目由其设备体验（DX）部门的规划团队主导。韩国 LG 集团宣布将推出 AI Agent 机器人。同时，腾讯、美的以及浅月资本、昆仲资本等也分别入股多家人形机器人企业。资本的密集进入可能进一步推动人形机器人技术的进步及其在工业制造、建筑、医疗健康等多个领域的应用落地。

另一方面，未来大模型还将为工业企业带来智能生产的新范式。以吉利集团的汽车制造设计为例，工程师只需通过多轮对话表达需求，大模型便能精确且高效地提供所需的组合信息，并自动生成设计文档，从而显著缩短汽车研发周期和降低研发成本。

8.2 人工智能将大幅提升社会治理能力，使人们生活更加美好

从近年来人工智能在社会治理领域的实践来看，未来大型语言模型和多模态模型可以在多个方面发挥重要作用。它们可以协助智慧城市系统和 AIoT 的应用、支持海量信息的处理和突发事件的决策、提升城市的精准管理水平、提升城市热线服务水平、为城市规划和治理政策的制定提供依据等。

1）广泛提升各类公众热线、信访系统等的智能服务水平。大模型在自然语言处理和对话交互方面展现出巨大的优势。例

如，嵌入智能的大模型客服系统不仅可以理解和生成自然语言，使得语言交流更加便捷和智能化，还能精准跟进热点舆情。此外，嵌入大模型的信访系统致力于让人工智能惠及信访群众，为他们提供辅助、咨询和指引等全新的应用体验。大模型也能提升多语种翻译水平，优化客户服务及语音助手的交互体验，为外国游客提供直接的对话服务，并可以实现民意诉求的 7×24 小时全天候受理、工单自动分配以及全年无休的快速处理。此外，嵌入大模型的 12345 热线助手通过秒级精准匹配事项的能力，显著提升了应答的准确率和效率（准确率提高了 30%，效率提高了3 倍）。

2）多模态技术的发展使得信息识别更加高效、准确，城市管理更加精准到位。多模态大模型在图像识别和计算机视觉领域展现出强大的优势。它们可以精准地识别和分类图像内容，促进了图像搜索、智能摄像头、自动驾驶等领域的发展。大模型应用于城市管理系统可以显著提高多模态信息的识别准确率，并提高智慧城市等复杂场景的数据分析精度，从而有效地提高城市管理的精细化水平。例如，嵌入"盘古"大模型的白云智慧大物管平台便通过共享辖区内数万路视觉设备以及自建称重、气味、PM2.5、土壤传感器等设备，赋予城市部件感知能力。这使得数据能实时上传，AI 自动进行识别和深度分析，日处理工单超过5000 份，极大地提升了城市管理的精细化程度。

预计到 2035 年，我国的城镇化率将从现有的 66.2% 提升至74.4%。届时，城镇公共服务将基本实现高质量供给，而城镇基础设施也将由传统的水、电、气、道路等转向数字化的新型基础设施。这将依赖于多模态大模型在安全监控、交通管理和环境卫生管理等方面的改进。例如，在城市治理领域，使用 CV 大模型动态感知辖区内的城市管理问题图像，实现城市事件的即时发现和即时分拨。

3）提升海量数据分析准确度，支持公众部门决策。大模型能够处理和分析复杂场景下的巨量数据，并从中提取有价值的信息和模式。它可以帮助管理部门更好地理解和应对实时信息，从而提高城市管理的决策能力。例如，谷歌与美国西雅图交通部在 2023 年 8 月和 11 月的多项大型活动中，实际应用了开源模拟软件 SUMO（Simulation of Urban Mobility），通过与"动态引导显示屏"的配合，平均缩短了 7min 的拥堵时间，并成功提升了30% 的交通运行效率。随着城市交通体系日益复杂，采集数据的范围也变得更广，可能包括高速公路、隧道、各类专有道路、停车场及各类轨道上的车辆 GPS、传感器、道路信号机和视频监控等。只有大模型才能胜任即时分析、预警和优化工作，提高交通运行效率，缓解交通压力。

在未来，政府部门还可以利用政务大模型对企业和居民的大数据进行深入挖掘和分析，依托大模型的多维信息关联和总结能力，快速洞察热点事件、分析各类政策的落地情况。这可以帮助政府部门更好地了解社会民生问题和公共服务需求，并快速生成决策建议。

4）嵌入大模型的大数据技术将有效改善数字乡村治理。日前，电信运营商正在通过扩大乡村网络规模，持续推进农村地区 5G 网络的建设，为数智乡村的发展打下坚实的基础。未来，大模型将推动农业的数智化转型，成为推动乡村振兴的重要工具。这将助力乡村产业的全链条升级，并为乡村全面振兴提供智能支持。例如，全国的 5G 智慧农业项目就基于大模型、大数据、物联网和低空无人机等技术，实现了茶叶的精准种植和杀虫、粮田的数字化节水节肥、精准扶贫及返贫监测、快速定位车辆和人员等功能。此外，大模型还将赋能数智治理体系，为乡村地区提供医疗、养老、教育等智能化服务，例如，面向县医院和基层医疗机构推广的远程医疗和家庭医生服务；继续推广 VR 教室和 5G 智慧云考场，以提供数智教育服务；为乡村留守老人提供位置安全守护等智能安全服务。

8.3　大模型带来科研新范式，科技创新换挡提速

几千年来，人类从事科学研究的范式不断迭代：三千年前是经验范式，四百年前是理论范式，五十年前是计算范式，十年前是数据范式，如今进入了 AI 范式时代。这被称为"AI for science"，即科研的第五范式。大模型引领的新研究范式突破了传统科研的局限，最显著的变化表现在研究效率的显著提升以及能够在多维空间进行科学模拟实验等方面。

1）药物研发可以由大模型独立完成，大幅缩短研发时间，节省大量研发资金。在药物科研领域，生成式 AI 可以用于药物发现。传统的药物开发通常是一条"非常漫长且危险的道路"，

往往需要数十年的临床前细胞、组织、动物模型及人体临床试验，耗资数十亿美元，且失败率超过90%。相比之下，AI平台能够先通过生物大模型，发现靶点并确定优先次序；接着，利用化学大模型的深度学习技术，快速设计出针对所选靶点的药物分子，从而节省大量的研发费用和时间。例如，药物发现AI平台Pharma利用数百万个数据样本训练出多个生物、化学大模型。其中，PandaOmics可以快速识别对疾病疗效起重要作用的靶点和优先次序，Chemistry42能快速设计出针对由PandaOmics所识别的蛋白质的潜在化合物。该公司仅用两年半的时间，就完成了治疗肺部纤维化的药物TNIK的临床试验，成本仅为原来的1/3。

2）带动生物以及人体全模态感知领域研究。未来，大模型将继续推动生物和人体全模态智能感知领域的科技发展。目前，计算机视觉方向的大模型主要应用于数据自动标注、传感器算法和场景仿真，以促进人体感知领域的科技进步。近年来，大模型的发展不仅在视觉和听觉感知等方面取得了突破，预计未来在模仿嗅觉、视觉、听觉及脑电波数据导出等领域也将有重大进展。*Science* 杂志已经刊登了关于用AI模仿人类嗅觉能力的研究进展。在这项研究中，研究人员利用图神经网络创建了一个人类嗅觉高维图谱（POM），逼真地再现了由单一分子诱发的气味感知类别的结构和关系。这一模型在理解和描述气味方面已达到了人类的水平。此外，澳大利亚悉尼科技大学开发了一种非侵入式的AI头戴设备BrainGPT，该设备能将人的思想转化为文本。

3）带动宇宙探索和地球科学领域的技术进步。大模型能够帮助我们对复杂的天文和地球系统进行数字表达、定量关联、深入分析、数值模拟和定量预测。这些功能有助于揭开太阳系以及地球的奥秘，并应对人类生存和社会可持续发展可能面临的重大挑战。为了使气候科学家和研究界能有效挖掘原始数据的价值，IBM、Hugging Face 与 NASA 合作构建了一个开源地理空间基础模型。这个模型可用于追踪森林砍伐、预测作物产量和减少温室气体排放。随着国际地科联"深时数字地球"大科学计划的推进，未来将构建最大的地学基础数据库，实现地球演化数据的全球整合与地学信息的全球共享。大模型还将支持对"亚欧边缘海"的地学地貌变化进行推演，服务于我国"一带一路"国家倡议。

4）加速聚变等能源技术革命，解决未来能源匮乏问题。人工智能的发展带来了能源、淡水等资源过度消耗的问题。由于训练和部署大模型需要消耗大量的淡水资源来冷却数据中心，还需要大量电力等能源。英伟达公司的 CEO 黄仁勋在一次公开演讲中指出，AI 的尽头是光伏和储能。他提出，如果仅考虑计算机的耗能，需要消耗相当于 14 个地球的能源。而且鉴于核聚变技术能够大规模、持续、稳定地发电，人类对聚变能源的需求正迅速增长。大模型可用于探索可控聚变反应技术。例如，美国核聚变公司 BLF 利用大模型的多维模拟计算能力，开发了一种用于核聚变的专用脉冲能量激光技术。这种技术的优势在于能以高重复率和高功率实现清洁能源发电。目前，该技术已经成功创造出净能量输出，成为全球首个用于电能源生产的核聚变技术。

8.4　AI 治理体系将加快升级，AI 风险得到有效控制

　　大模型的持续进展也将带来多种社会风险，因此我们有必要尽快建立相应的人工智能治理体系。2024 年 3 月，欧盟通过了《人工智能法案》的讨论，同时中国也在起草《人工智能法》。这些标志性事件预示着全球开始加速构建 AI 治理体系。预计未来全球各经济体的 AI 治理体系将会包括保护 AI 消费者权益的细则、规范 AI 厂商的算法开发及服务行为的标准，以及相应的监管制度等。

　　1）创新立法，解决 AI 时代的授权许可模式失灵问题。大模型时代，版权作品的利用行为难以通过 AI 时代的授权许可模式来处理。AI 时代的授权许可模式失灵，导致大模型训练过程中发生了许多版权冲突事件。美国加州法院已受理了 10 余起版权人诉讼案，被告包括 Stability AI、OpenAI、Meta、Alphabet 等几家 AIGC 研发企业，原因是这些企业未经授权使用版权作品进行模型训练。预计未来，各国将制定合理的法律规范，明确划分作品获取、作品存储与作品分析这三个行为的版权权益，以引导和保护大模型创造与训练活动的合理性。

　　2）通过要求算法和安保措施升级，治理"AI 欺诈"现象。大模型的发展引发了一系列问题，例如利用"AI 变脸"和"AI 换声"制作虚假音视频，进而用于诈骗和诽谤等违法行为。根据美国"截击"网站的报道，美军特种作战司令部甚至借助"深度伪造"技术，开发了新一代的"军事信息支持作战"工具。这些

工具用于实施数字欺骗、通信干扰，以及制造和传播虚假信息等活动。预计未来的监管细则将要求即时通信、网络直播、社交网络、电子商务平台、金融支付等关键平台升级其安全保护措施，例如，增加活体检测技术和优化人脸识别算法。

3）落实算法公开和算法问责，保障公民公平应用 AIGC 的权益。随着自动化决策技术的广泛应用，尤其是在多模态大模型的发展背景下，"算法杀熟"和"算法预判"等问题可能更加突出。这些问题可能带来的社会危害将远超"大数据杀熟"。预计未来的相关法案将针对算法自动化决策、算法透明度以及算法问责提出相应的规制要求。此外，未来的法案还需要明确，公民有权拒绝接受仅基于算法自动化处理得出的各种社会画像。同时，法案应规定不得将大模型生成的结果作为可信的司法证据或线索使用，以保护公民的平等权和知情权。

4）落实 AI 系统风险法案，规避具身机器人失控风险。随着 AI 逐步接近 AGI，包括具身智能体、多模态机器人在内的 AI 服务商的开发行为，如若不加以制约，可能会给人类社会带来巨大的失控风险甚至灭顶之灾。2024 年，美国国务院接收的一份 AI 风险咨询报告中明确指出，在最糟糕的情况下，最先进的 AI 系统可能会对人类物种构成灭绝级的威胁。报告中还提到在 AI 领域存在"军备竞赛"，以及"与大规模杀伤性武器相当的致命事故"等风险。因此，未来监管部门必须引入以风险为导向的策略，实现对 AI 系统的分类和分级监管。例如，可以将 AI 系统的风险等级划分为不可接受的风险、高风险、有限风险和极低风险，对于不可接受的风险和高风险等级的 AI 系统采取严格的规制措施。同时，为人工智能设计全生命周期规制措施，开展人工智能产品的市场前评估和市场后监测，形成事前、事中和事后的共同治理机制。